工程实践训练系列教材(课程思政与劳动教育版)

机械制造基础实训教程

主编　王灵利　吕　冰　梁晓雅　黄晓秋

西北工业大学出版社

西安

【内容简介】 本书分为8章,内容包括绪论、工程材料基础、切削加工基本知识、钳工、铣削加工、车削加工、装配和常用量具等。其中重点介绍工程材料的性能和选用,材料切削性能分析,常见的工量具使用方法,车削、铣削、钳工涉及的制造方式和方法、制造工艺安排以及对应的附件、夹具的使用方法;同时附有通用型实习产品榔头的零件制造方法和工艺路线介绍,并以多种减速器、冷却循环水泵、空间机构搭建为案例,分析装配知识在其中的应用。

本书可作为高等院校理工科相关专业的实训教材,也可供相关领域工程训练使用。

图书在版编目(CIP)数据

机械制造基础实训教程 / 王灵利等主编. —西安 :
西北工业大学出版社,2022.10
ISBN 978 - 7 - 5612 - 8449 - 0

Ⅰ.①机… Ⅱ.①王… Ⅲ.①机械制造-高等学校-
教材 Ⅳ.①TH

中国版本图书馆 CIP 数据核字(2022)第 187751 号

JIXIE ZHIZAO JICHU SHIXUN JIAOCHENG
机 械 制 造 基 础 实 训 教 程
王灵利 吕冰 梁晓雅 黄晓秋 主编

责任编辑:王玉玲		策划编辑:杨 军	
责任校对:胡莉巾		装帧设计:董晓伟	

出版发行:西北工业大学出版社
通信地址:西安市友谊西路 127 号　　邮编:710072
电　　话:(029)88491757,88493844
网　　址:www.nwpup.com
印 刷 者:陕西奇彩印务有限责任公司
开　　本:787 mm×1 092 mm　　　1/16
印　　张:9.5
字　　数:243 千字
版　　次:2022 年 10 月第 1 版　　2022 年 10 月第 1 次印刷
书　　号:ISBN 978 - 7 - 5612 - 8449 - 0
定　　价:38.00 元

"工程实践训练系列教材（课程思政与劳动教育版）"编委会

总 主 编：蒋建军　梁育科

顾问委员（按照姓氏笔画排序）：

王永欣　史仪凯　齐乐华　段哲民　葛文杰

编写委员（按照姓氏笔画排序）：

马　越　王伟平　王伯民　田卫军　吕　冰

张玉洁　郝思思　傅　莉

前　言

　　工程实践训练是理工类大学本科阶段学生必须参加的一种综合性的实践体验活动，对学生的理论知识体系构建、动手能力培养、社会科学认知有着重要作用。作为一种通识教学方式，随着实践教学改革的深入、实践教学内涵的扩充，工程实践训练所面向的专业对象也逐渐拓宽。

　　本书主要面向机械制造基础工程实践训练，对传统金属工艺学的内容进行了精选和增补，在传统金工实习切削加工基本知识、车削、铣削、钳工、装配等教学内容的基础上，增加了工程材料与测量技术等章节。工程材料部分对金属材料、高分子材料、复合材料的基础知识做了阐述，并对金属材料的性能以及处理方法和选材进行了重点说明；切削加工基本知识、车削、铣削、钳工、装配内容主要介绍不同工种的制造方法和应用范围，强化学生对工艺设计和制造过程的认知，重在培养学生分析问题和解决问题的能力。

　　各章（除第 1 章外）均选取机械制造基础工程实践教学应用的实例，结合生产实践，以实践教学要求为基础，以实践训练为主线，通过学生的实习作品，把抽象零散的内容连接起来，满足传统工程实践教学的需要。

　　本书第 1、3、7 章由王灵利编写，第 4 章由吕冰编写，第 6、8 章由梁晓雅编写，第 2、5 章由黄晓秋编写。全书由梁育科主审，并承蒙李晓峰、李海军、王芝会、张秦、王小龙、张良、冯艳丽、翟锋科、汪广方、程毅老师的指导和帮助，在此一并表示感谢。

　　编写本书曾参阅了相关文献、资料，在此，谨向其作者深表谢意。

　　由于水平有限，书中难免有疏漏和不足之处，敬请读者批评指正。

编　者

2021 年 12 月

目　　录

第1章 绪 论

1.1 工程实践课程思政建设

1. 课程思政的指导思想

工程实践课程思政要以习近平新时代中国特色社会主义思想为指导,全面贯彻党的教育方针,落实立德树人根本任务,坚持将思想政治教育贯穿教育教学全过程,充分发挥专业课程在知识传授、能力培养和价值塑造中的主渠道、主战场作用,大力推进课程思政建设,不断完善课程思政工作体系、教学体系和内容体系,使专业教育与思政教育同向同行,相互促进,完善全员、全过程、全方位育人机制,培养立大志、明大德、成大才、担大任、堪当民族复兴重任的时代新人。

2. 理学、工学类专业课程思政教学体系设计

理学、工学类专业课程要在课程教学中把马克思主义立场观点、方法的教育与科学精神的培养结合起来,提高学生正确认识问题、分析问题和解决问题的能力。理学类专业课程,要注重科学思维方法的训练和科学伦理的教育,培养学生探索未知、追求真理、勇攀科学高峰的责任感和使命感。工学类专业课程,要注重强化学生工程伦理教育,培养学生精益求精的大国工匠精神,激发学生科技报国的家国情怀和使命担当。

3. 实践类课程思政建设特点

实践类课程要注重学思结合、知行统一,增强学生勇于探索的创新精神、善于解决问题的实践能力。创新创业教育课程,要注重让学生"敢闯会创",在亲身参与中增强创新精神、创造意识和创业能力。

4. 课程思政融入课堂教学建设全过程

高校课程思政要融入课堂教学建设,作为课程设置、教学大纲核准和教案评价的重要内容,落实到课程目标设计、教学大纲修订、教材编审选用、教案课件编写各方面,贯穿于课堂授课、教学研讨、实验实训、作业论文各环节。要讲好、用好工程重点教材,推进教材内容进人才培养方案、进教案课件、进考试。要创新课堂教学模式,推进现代信息技术在课程思政教学中的应用,激发学生学习兴趣,引导学生深入思考。要健全高校课堂教学管理体系,改进课堂教学过程管理,提高课程思政内涵融入课堂教学的水平。要综合运用第一课堂和第二课堂,组织开展"中国政法实务大讲堂""新闻实务大讲堂"等系列讲堂,深入开展"青年红色筑梦之旅""百万师生大实践"等社会实践、志愿服务、实习实训活动,不断拓展课程思政建设方法和途径。

1.2 大学生劳动教育

1. 劳动教育性质

劳动是创造物质财富和精神财富的过程,是人类特有的基本社会实践活动。劳动教育是发挥劳动的育人功能,对学生进行热爱劳动、热爱劳动人民的教育活动。当前实施劳动教育的重点是在系统的文化知识学习之外,有目的、有计划地组织学生参加日常生活劳动、生产劳动和服务性劳动,让学生动手实践、出力流汗、接受锻炼、磨炼意志,培养学生正确劳动价值观和良好劳动品质。

2. 重大意义

劳动教育是中国特色社会主义制度的重要内容,直接决定社会主义建设者和接班人的劳动精神面貌、劳动价值取向和劳动技能水平。长期以来,各地区和学校坚持教育与生产劳动相结合,在实践育人方面取得了一定成效。同时也要看到,近年来出现了一些青少年不珍惜劳动成果、不想劳动、不会劳动的现象,劳动的独特育人价值在一定程度上被忽视,劳动教育正被淡化、弱化。对此,全党全社会必须高度重视,采取有效措施切实加强劳动教育。

3. 指导思想

以习近平新时代中国特色社会主义思想为指导,全面贯彻党的教育方针,落实全国教育大会精神,坚持立德树人,坚持培育和践行社会主义核心价值观,把劳动教育纳入人才培养全过程,贯通大中小学各学段,贯穿家庭、学校、社会各方面,与德育、智育、体育、美育相融合,紧密结合经济社会发展变化和学生生活实际,积极探索具有中国特色的劳动教育模式,创新体制机制,注重教育实效,实现知行合一,促进学生形成正确的世界观、人生观和价值观。

4. 劳动教育内容

高等学校要注重围绕创新创业,结合学科和专业积极开展实习实训、专业服务、社会实践、勤工助学等,重视新知识、新技术、新工艺和新方法应用,创造性地解决实际问题,使学生增强诚实劳动意识,积累职业经验,提升就业创业能力,树立正确择业观,具有到艰苦地区和行业工作的奋斗精神,懂得空谈误国、实干兴邦的深刻道理;注重培育公共服务意识,使学生具有面对重大疫情、灾害等危机主动作为的奉献精神。

第2章 工程材料基础

材料是人类赖以生存和发展的物质基础。材料是物质,但不是所有物质都可以称为材料。如燃料和化学原料、工业化学品、食物和药物,一般都不算是材料。从材料的物理化学属性来分,可分为金属材料、无机非金属材料、高分子材料和由不同类型材料所组成的复合材料。从材料的用途来分,又分为电子材料、航空航天材料、核材料、建筑材料、能源材料、生物材料等。更常见的分类则是将材料分为结构材料与功能材料。

2.1 工程材料

工程材料有各种不同的分类方法。一般都将工程材料按化学成分分为金属材料、非金属材料、高分子材料和复合材料四大类。

工程材料概论

2.1.1 金属材料

金属材料是最重要的工程材料,包括金属和以金属为基础的合金。工业上把金属和其合金分为以下两部分。

(1)黑色金属材料:铁和以铁为基的合金(钢、铸铁和铁合金)。

(2)有色金属材料:黑色金属以外的所有金属及其合金。

金属材料中应用最广的是黑色金属。以铁为基的合金材料占整个结构材料和工具材料的90%以上。黑色金属材料的工程性能比较优越,价格也较便宜,是最重要的工程金属材料。

有色金属按照性能和特点可分为轻金属、易熔金属、难熔金属、贵金属、稀土金属和碱土金属。它们是重要的有特殊用途的材料。

2.1.2 非金属材料

非金属材料也是重要的工程材料,包括耐火材料、耐火保温材料、耐蚀(酸)非金属材料和陶瓷材料等。

1. 耐火材料

耐火材料是指能承受高温作用而不易损坏的材料,它是炼钢、炼铁、熔化铁及其他冶炼炉和加热炉炉衬的基础材料之一。常用的耐火材料有耐火砌体材料、耐火水泥及耐火混凝土。

2. 耐火保温材料

耐火保温材料又称保温材料,是各种工业炉窑(冶炼炉、加热炉、锅炉)的重要建筑炉窑材料。常见的保温材料有硅藻土、蛭石、玻璃纤维(又称矿渣棉)、石棉及其制品。

3. 耐蚀(酸)非金属材料

耐蚀(酸)非金属材料的组成主要是金属氧化物、氧化硅和硅酸盐等,它们的耐蚀性能高于金属材料(包括耐酸钢和耐蚀合金),并具有较好的耐磨性和耐热性能,在某些情况下它们是不锈钢和耐蚀合金的理想代用品。常用的耐蚀非金属材料有铸石、石墨、耐酸水泥、天然耐酸石材和玻璃等。

4. 陶瓷材料

陶瓷是由天然或人工合成的粉状矿物原料和化工原料组成,经过成型和高温烧结制成的,是由金属和非金属元素构成的化合物反应生成的多晶体相固体材料。陶瓷的弹性模量一般都很高,很难变形。

陶瓷的硬度很高,大多数陶瓷的硬度都高于某些金属。陶瓷具有良好的耐磨性,是制作各种有特殊要求的易碎零件的良好材料。陶瓷的抗拉强度低,但抗弯强度高,抗压强度更高。陶瓷材料的高温强度一般优于金属材料。陶瓷材料在 1 000℃ 以上的高温下仍能保持其室温强度,并在高温下具有较强的抗蠕变性能。因此,陶瓷材料作为耐高温材料在工程中被广泛使用。

2.1.3 高分子材料

高分子材料为有机合成材料,也称聚合物。它具有较高的强度、良好的塑性、较强的耐腐蚀性能、很好的绝缘性和重量轻等优良性能,在工程上是发展最快的一类新型结构材料。

高分子材料种类很多,工程上通常根据机械性能和使用状态将其分为三大类。

1. 塑料

塑料是指以天然或合成树脂为主要成分,在一定温度、压力条件下经塑制成形,并在常温下能保持形状不变的高分子工程材料。塑料一般常用注射、挤压、模压、吹塑等方法成型。

塑料按受热后所表现的行为不同可分为热固性塑料和热塑性塑料两类。热塑性塑料是指加热后会熔化,可流动到模具内冷却成型,再加热后又会熔化的塑料,即可通过加热使之软化,降低温度使之硬化的塑料。这类塑料加工成型简便,具有较好的力学性能,但耐热性和刚度较差。热固性塑料是指加热后会固化或有不熔融(溶解)特性的塑料。这类塑料耐热性强,受压不易变形,价格低廉,但生产率低,机械强度差。

塑料具有一定的耐热性、耐寒性和良好的机械、绝缘、化学等综合性能,可代替有色金属及其合金,作为一种用于制造机械零件或工程结构的常用材料。塑料由于其重量轻以及具有耐腐蚀性、电绝缘性、耐磨性、减摩性良好和容易成型的特点,所以是丰富的工业资源,已成为一种应用广泛的高分子材料,在工农业、交通、国防工业和日常生活中得到了广泛的应用。

2. 橡胶

橡胶是指以生胶为原料,加入适量配合剂,经过硫化后所组成的高分子弹性体。生胶按原料来源可分为天然橡胶和合成橡胶。配合剂是指为改善生胶的性能而添加的各种物质,包括硫化剂、促进剂、软化剂、填充剂、防老化剂和着色剂等。硫化剂相当于热固性塑料中的固化剂,硫化剂能使分子链相互交联形成网状结构,橡胶的交联过程称为"硫化"。促进剂能缩短硫化时间,降低硫化温度,提高橡胶制品的经济性。软化剂能增加橡胶的塑性,改善黏附力,并降低橡胶的硬度和提高其耐寒性。填充剂能增加橡胶的强度,降低成本并改善工艺性能。橡胶在长期存放或使用过程中因环境因素逐渐被氧化而变黏变脆,这种现象称为橡胶的老化。防老化剂可防止橡胶的氧化,延长老化过程。着色剂能使橡胶制品具有各种不同的颜色。橡胶具有高弹性、一定的耐磨性及缓冲减振性。

橡胶材料按照用途可分为通用橡胶和特种橡胶两类。通用橡胶有丁苯橡胶(SBR)、氯丁橡胶(CR,称为"万能橡胶")等,一般具有较好的耐磨性、耐热性、耐老化性等性能,主要用于一般条件下工作的传动及减振、密封件。特种橡胶有丁腈橡胶(NBR)、聚氯酯橡胶(UR)等,由于其特有的优势,广泛应用在军工、航空、石油、化工、机械等各个领域。

3. 合成纤维

合成纤维是化学纤维的一种,是用合成高分子化合物作原料而制得的化学纤维的统称。它是以小分子的有机化合物为原料,经加聚反应或缩聚反应合成的线型有机高分子化合物,如聚丙烯腈、聚酯、聚酰胺等。从纤维的分类可以看出,合成纤维属于化学纤维的一个类别。

合成纤维按主链结构可分碳链合成纤维[如聚丙烯纤维(丙纶)、聚丙烯腈纤维(腈纶)、聚乙烯醇缩甲醛纤维(维尼纶)]和杂链合成纤维[如聚酰胺纤维(锦纶)、聚对苯二甲酸乙二酯(涤纶)等];按性能功用可分为耐高温纤维(如聚苯咪唑纤维)、耐高温腐蚀纤维(如聚四氟乙烯)、高强度纤维(如聚对苯二甲酰对苯二胺)、耐辐射纤维(如聚酰亚胺纤维),以及阻燃纤维、高分子光导纤维等。

合成纤维的生产有三大工序,即合成聚合物制备、纺丝成型、后处理。

2.1.4　复合材料

复合材料就是用两种或两种以上不同材料组合而成的材料,其性能是单一物质材料所不具备的。复合材料可以由各种不同种类的材料复合组成。

复合材料为多相体系,全部相可分为两类:一类相为基体,起黏结作用;另一类为增强相,起提高强度或韧度的作用。其基体可以是金属,也可以是非金属,而增强材料亦可以是金属或非金属。也就是说,不同的非金属材料可以相互复合,不同的金属材料可以相互复合,各种非金属材料也可与各种金属材料复合。复合材料按结构特点可分为纤维复合材料(纤维和基体组成)、层叠复合材料(两种或多种材料层合而成)和颗粒复合材料(颗粒和基体组成)三种。其在强度、刚度和耐蚀性方面比单纯的金属、陶瓷和聚合物都优越,是特殊的工程材料,具有广阔的发展和应用前景。

思政课堂——陶瓷

陶瓷材料是中国对人类的伟大贡献之一。陶瓷是人类制造出的不同于自然界已有物质结构的一种新材料。在我国江苏溧水神仙洞和江西万年仙人洞都出土了一万年前的陶器。陕西半坡出土的许多彩陶,证明在 7000 年前我国已有彩陶的批量生产。河南仰韶文化遗址出土距今 5000～7000 年前的陶器上已出现具有文字性质的符号。山东大汶口出土的 6000 多年前的陶豆上已有夏族的太阳族徽和"ll"(夏字)。陶器的出现是后来青铜冶炼铸造的重要物质基础。熔炼用的坩埚、铸造用的型范都是陶制的。商代以前陶器烧制温度都低于 800℃,质地不坚。夏末商初(约公元前 1700 年)开始冶铸青铜并使用风

箱鼓风,使炉温得以提升,烧制出的陶器质量逐步提高。1991 年发掘的山东邹平丁公龙山文化城址(公元前 2600—前 2000 年),出土了精美的蛋壳黑陶高炳杯。其中发掘出的横穴式陶窑为研究高超的制陶技术留下了宝贵的实物资料。

2005 年初,江苏无锡发掘的春秋最后一个霸主、越国贵族古墓(约公元前 500 年)中,出土了 1000 多件青瓷器件,其胎质纯净,釉质匀称,烧制温度在 1000℃以上。过去普遍认为瓷器在中国出现是在东汉(25—220 年)初期。这一考古发现将我国制造瓷器的历史推前了六七百年。白瓷的出现至少在南北朝(420—589 年)时期。

中国当之无愧是世界瓷器的发源地。唐朝(618—907 年)是我国封建社会的鼎盛时期,朝鲜、日本不断派大批留学生、遣唐使来学习,西域和西方各国也来人不少,将许多科学技术传到世界各地。瓷器就在这时传到朝鲜、日本。1300 年,瓷器传到欧洲,但直到 18 世纪,欧洲才自己烧制瓷器。

陶瓷从开始时主要作为器物的结构材料,逐步向多种功能材料变化。近现代工业电气化过程中,陶瓷成为使用最广泛、最廉价的绝缘材料。瓷瓶、绝缘子是高压输电中不可或缺的零件。现代陶瓷材料,成分早超出传统的石英、长石和黏土,品种花样繁多,具有声、光、电、热、力学等各方面功能,与金属材料、高分子材料共同构筑起社会建设的物质基础。

景德镇是闻名世界的千年瓷都,素以"汇天下良工之精华,集天下名窑之大成","匠从八方来,器成天下走"而著称。郭沫若诗曰:"中华向号瓷之国,瓷业高峰是此都。"景德镇以瓷业主撑一城,历千年而不衰,引举世之瞩目,迄今仍是全球最具影响力的陶瓷历史文化名城,拥有无与伦比的文化象征性与影响力。

资料来源:海南大学思政课程"历史上的材料发明与创新"

2.2 金属材料的性能

2.2.1 碳素钢

碳素钢又称碳钢,是一种含碳量不到 2% 的铁碳合金,含有少量的硅、锰、硫、磷等杂质元素。硫和磷使钢变脆,是有害元素。碳的含量对钢的力学性能有很大的影响。随着含碳量的增加,钢的硬度增加,塑性和韧性降低。随着含碳量的增加,强度也增加,但当含碳量超过 1% 时,强度下降。

碳钢根据含碳量分为低碳钢、中碳钢和高碳钢。低碳钢含碳量小于 0.25%,塑性和韧性高,但强度较低。中碳钢含碳量为 0.25%～0.6%,是制造机器零件最常用的钢材。高碳钢含碳量大于 0.6%,经过热处理后,具有较高的硬度和较好的耐磨性,主要用来制造工具。

常用碳钢的牌号是根据其用途和质量确定的,主要有以下三类。

1. 普通碳素结构钢

普通碳素结构钢牌号的表示方法是:由屈服点"屈"字汉语拼音的第一个字母"Q"、屈服点数值(MPa)、质量等级符号(A,B,C,D)及脱氧方法符号(F 为沸腾钢,Z 为镇静钢)等四部分按顺序组成。如 Q235AF 表示屈服强度值为 235 MPa、质量为 A 级的沸腾钢。普通碳素结构钢一般轧制成各种规格供应,主要用来制作各种型钢、薄板、冲压件、工程结构件以及受力不大的机械零件,如螺栓、螺母、小轴、键等。普通碳素结构钢的牌号、主要性能及用途见表 2-1。

表 2-1 普通碳素结构钢的牌号、主要性能及用途

常用的牌号	主要性能特点	用途
Q195,Q215A,Q215B 等	含碳量低,硬度较低,含S,P 等杂质较多,有一定强度,塑性较好,价格低廉	用于制作钉子、铆钉、垫块及轻载荷的冲压零件
Q235A,Q235B,Q235C,Q235D 等		用于制作小轴、拉杆、连杆、螺栓、螺母、法兰等一般性的零件
Q275 等		用于制作拉杆、连杆、转轴、心轴、齿轮和键等高硬度零件

2.优质碳素钢

优质碳素钢的硫和磷含量较低,比普通碳素钢好,广泛用于制造机械零件。它的等级由两位数或两位数和特征符号组成,如 08,10,15F,20,70,75 等,这个数字表示钢中平均含碳量的万分数。例如,45 钢表示钢的平均含碳量为 0.45%。沸腾钢标记后加 F 符号,镇静钢符号一般不加。对于含锰量高的优质碳素结构钢,在平均含碳量数字后加锰元素符号。例如,钢的含碳量为 0.50%,含锰量为 0.70%~1.00%,其牌号为"50Mn"。优质碳素钢等级后加"A",优质碳素钢等级后加"E"。优质碳素结构钢的牌号、主要性能及用途见表 2-2。

表 2-2 优质碳素结构钢的牌号、主要性能及用途

常用牌号	主要性能	用途
08,08F,10,10F,15,15F,20,25	属低碳钢,塑性、韧性好,具有优良的冷成形性能和焊接性能	常冷轧成薄板,用于生产仪表壳体、汽车和拖拉机上的冷冲压件(如汽车车身、拖拉机外壳等)
30,35,40,45,50,55 等	属中碳钢,具有良好的综合力学性能,即具有较高的强度、较高的塑性和韧性	主要用于制作各种轴类零件,也用于制作各种受力较大的零件(如连杆、齿轮)
60,65,70,75,80,85 等	属高碳钢,强度、硬度较高,特别是弹性较好	用于制造弹簧、弹簧圈、轧辊、各种垫圈、凸轮及钢丝绳
40Mn,50Mn,60Mn,65Mn,70Mn 等	性能与相应正常含锰量的各种钢基本相同,强度稍高,淬透性好	用于制造螺栓、螺母、螺钉、绞杠、刹车踏板,还可以制造在高应力下工作的细小零件

3.碳素工具钢

碳素工具钢的含碳量为 0.65%~1.3%。在退火状态下硬度为 190 ~ 210HBS,易于加工。淬火后,硬度可达 62HRC 以上,主要用于制造工具、模具和量具。它的牌号有 T7,T8,…,T13 等。编号"T"后的数字表示钢中平均含碳量的千分数,如果牌号后加字母"A",如 T8A,T13A 等,则表示优质钢材。牌号中数字越大,含碳量越高,硬度越高,耐磨性越好,同时脆性也越大。碳素工具钢的牌号、主要性能和用途见表 2-3。

表 2-3　碳素工具钢的牌号、主要性能及用途

常用牌号	主要性能	用途
T7，T7A，T8，T8A，T8Mn，T8MnA 等	含碳量较高(0.65%～1.35%)，含 S、P 等杂质较少，热处理后可获得较高的硬度及耐磨性	用于制作承受冲击、韧性较好、硬度适当的工具，如扁铲、手钳、大锤、木工工具
T9，T9A，T10，T10A，T11，T11A 等		用于制作不受剧烈冲击、高硬度、耐磨的工具，如车刀、刨刀、丝锥、钻头、手锯条
T12，T12A，T13，T13A		用于制作不受冲击、高硬度且要求更高耐磨性的工具，如锉刀、刮刀、丝锥、精车刀

2.2.2　合金钢

合金钢是在碳钢的基础上加入合金元素(如锰、硅、铬、镍等)所炼成的钢。合金元素总量小于 5% 的称为低合金钢,总量大于 10% 的称为高合金钢。按用途不同,合金钢分为结构钢、工具钢和特殊性能钢三类。以下简要介绍前两类。

1. 合金结构钢

合金结构钢的钢号由"数字＋元素＋数字"组成,如 45Mn2 和 16Mn 等。前面两位数字表示平均含碳量的万分数。合金元素用化学符号表示。当该元素的平均含量小于 1.5% 时,只标注元素符号,不标注含量。当平均含量不小于 1.5% 或 2.5% 时,在元素后标 2 或 3。例如,16Mn 钢是一种低合金钢,平均含碳量为 0.16%,平均含锰量小于 1.5%。

合金结构钢按用途可分为机械零件用钢和工程结构用钢。机械零件用钢按用途可分为渗碳钢、调质钢、弹簧钢和轴承钢四种,常用钢有 15Cr,20Cr,20CrMnTi,40Cr,40MnB,42MnVB,55Si2Mn。低碳合金结构钢用于制造需要渗碳的零件,中碳合金结构钢用于制造重要的淬火、回火零件或弹簧等。常见的工程结构用钢有 09MnV,16Mn,15MnV,15MnW 等,其中 16Mn 是我国产量最大、各种性能配合较好的钢材,使用最广泛。工程结构钢材的强度比相同碳含量的普通碳钢的强度显著提高,因此工程结构用钢广泛应用于桥梁、船舶、高压容器、石化设备和农业机械等。

2. 合金工具钢

合金工具钢是制造刀具、量具和模具的重要材料。其经过适当的热处理,可获得相当高的硬度、耐磨性等优质性能。合金工具钢的牌号表示与结构钢相似,只是合金工具钢的含碳量平均值不小于 1% 时,其含碳量不作标记。当含碳量小于 1% 时,牌号前的数字表示平均含碳量的千分数。工具钢的最终热处理主要是淬火和低温回火,以保证硬度和耐磨性。另外,合金工具钢对材料要求非常严格,其都是优质钢。合金工具钢根据工作条件的不同可分为切削工具钢、模具钢和量具钢。

低合金切削工具钢主要用于制造切削速度低、形状复杂的刀具(如丝锥、板牙、钻头、铰刀等),以及量具和冷冲模具。常用的钢有 9SiCr,9Mn2V,CrWMn 等。这些钢比碳素工具钢具有更高的耐磨性和热硬度(250～300℃)。热硬度是切削工具钢在加热时仍然保持高硬度(60HRC 以上)的特性。低合金切削钢的另一个优点是它可以用油作淬火剂,热处理时开裂和变形的倾向小,因此适合制造形状更复杂的刀具。

高速钢是热硬性、耐磨性更高的高合金工具钢,热硬性可达 600℃ 左右,能长时间保持刃

口锋利,可在比低合金工具钢更高的切削速度下工作,最常用的钢有 W18Cr4V(钨系高速钢)和 W6Mo5Cr4V2(钨钢系高速钢)。高速钢目前广泛用来制造多种形状复杂的刀具(如成形铣刀、异型车刀、拉刀等)。

硬质合金的硬度和耐磨性均很高,热硬性可达 850～1 000℃,硬质合金刀具的切削速度比高速钢高 4～7 倍,在有冷却液的情况下,切削速度可达 5 000 r/min 甚至更高的速度,是很重要的刀具材料。硬质合金是一种用碳化物粉末与钴粉末混合压形后烧结而成的粉末冶金材料,性脆,韧度差,大多制成简单形状的刀片再焊接在刀体上,或者用机械方法夹装在刀体上。其制造方法基本是采用金属粉末锻压成型,不能用它取代高速钢来整体制造形状复杂的刀具,如齿轮刀具、拉刀等。目前常用的硬质合金刀片有两类:一类是钨钴类(YG 类),常用的有 YG8,YG6,YG3 等,后面数字表示钴粉含量的百分数,其余为碳化钨粉末的含量;另一类是钨钛钴类(YT 类),常用的有 YT5,YT15,YT30 等,后面数字表示碳化钛粉末的含量,其余为碳化钨粉末和钴粉末的含量。YG 类硬质合金的韧度较好,适于加工铸铁、青铜等脆性材料;YT类硬质合金的耐热性较好,适于加工钢件。

2.2.3　铸钢

铸钢主要用于制造形状复杂且具有一定强度、塑性和韧性的零件。碳是影响铸钢性能的主要元素,随着含碳量的增加,屈服强度和抗拉强度均增加,而且抗拉强度比屈服强度增加得更快,但当含碳量大于 0.45％时,屈服强度很少增加,而塑性、韧性却显著下降。因此,在生产中使用最多的铸钢是 ZG230－450,ZG270－500,Z310－570 三种。铸钢的牌号、主要性能及用途见表 2－4。

表 2－4　铸钢的牌号、主要性能及用途

常用牌号	主要性能特点	用　途
ZG200－400[ZG(15)]	属于低碳铸钢,韧性和塑性好,强度和硬度低,低温冲击韧性差,脆性转变温度低,导磁性与导电性好,可焊接性好,但可铸造性差	用于制作机座、电气吸盘、变速箱体等受力不大,但要求韧性好的零件
ZG230－450[ZG(25)]		用于制作载荷不大、韧性好的零件,如轴承盖、底板、阀体、箱体、侧架
ZG270－500[ZG(35)]	属于中碳铸钢,韧性和塑性较好,强度和硬度高,可切削性与可焊接性好,铸造性能优于低碳钢	应用广泛,用于制作飞轮、车辆车钩、机架、水压机缸等
ZG310－570[ZG(45)]		用于制作重载荷零件,如联轴器、大齿轮、汽缸、机架、制动轮等
ZG340－640[ZG(55)]	属于高碳铸钢,具有高强度、高硬度和高耐磨性,塑性和韧性低,铸造和焊接能力差,裂纹敏感性强	用于制作重型机械联轴器、齿轮、火车车轮、芯轴

2.2.4　铸铁

铸铁是含碳量大于 2.11％并含有较多 Si,Mn,S,P 等元素的铁碳合金。铸铁的生产工艺和生产设备简单,价格便宜,具有许多优良的使用性能和工艺性能,所以应用非常广泛,是工程上最常用的金属材料之一。铸铁按照碳存在的形式可以分为白口铸铁、灰口铸铁、麻口铸铁；按铸铁中石墨的形态可以分为灰铸铁、可锻铸铁、球墨铸铁、蠕墨铸铁。常见灰铸铁的牌号及其用途见表 2-5。

表 2-5　常见灰铸铁的牌号及其用途

牌　　号	用途举例
HT100	适用于载荷小、对摩擦和磨损无特殊要求的不重要的零件,如防护罩、盖、油盘、手轮、支架、底板、重锤等
HT150	适用于承受中等载荷的零件,如机座、支架、箱体、刀架、床身轴承座、工作台、带轮、阀体、飞轮、电动机座等
HT200	适用于承受较大载荷和要求一定气密性或耐腐蚀性等较重要的零件,如汽缸、齿轮、机座、飞轮、床身、汽缸体、活塞、齿轮箱、刹车轮、联轴器盘、中等压力阀体、泵体、液压缸、阀门等
HT250	
HT300	适用于承载高负荷、耐磨、高气密性的重要零件,如重型机床、剪切机、冲床、自动机床床架、高压液压件、活塞环、齿轮、凸轮、车床卡盘、衬套、大型发动机缸体、气缸套、气缸盖等

2.3　钢的热处理工艺

热处理是将钢在固态状态下加热到一定温度,然后以一定的冷却速度冷却到室温,从而改变钢的内部结构,获得所需性能的过程。热处理的目的是在不改变钢的形状和尺寸的情况下,提高钢的使用性能或工艺性能。常用的热处理工艺有淬火、回火、退火、正火和表面热处理。

热处理工艺按功能可分为预热处理和最终热处理两类。预热处理包括退火和正火,一般安排在铸造、锻造、焊接后,切割前,主要目的是消除前道工序造成的某些缺陷,提高切割性能,为组织的最终热处理做好准备。最终热处理一般安排在零件的后期加工中,包括淬火、回火和表面热处理,目的是获得组织所需的最终零件,使零件的性能达到规定的技术指标。

2.3.1　淬火

淬火是把钢件加热到 760～820℃(高碳钢约 760℃,中碳钢约 820℃),保温后迅速冷却的热处理工艺。淬火后获得淬火组织,使钢件具有高的硬度和较好的耐磨性。影响淬火质量的主要因素是淬火加热温度、冷却剂的冷却能力及零件投入冷却剂中的方式。一般情况下,常用非合金钢的加热温度取决于钢的含碳量。淬火保温时间主要根据零件的有效厚度来确定。零件进行淬火冷却所使用的介质叫作淬火介质。水最便宜且冷却能力较强,适合于尺寸不大、形状简单的碳素钢零件的淬火。油也是一种常用的淬火介质,早期采用动、植物油脂,目前工业上主要采用矿物油,如机油、柴油等,多用于合金钢的淬火。此外,还必须注意零件浸入淬火冷却剂的方式。如果浸入方式不当,会使零件因冷却不均而硬度不均,产生较大的内应力,发生变形,甚至产生裂纹。

2.3.2　回火

将淬火钢重新加热到某一温度,保温后在空气中或油中冷却的

金属热处理工艺:回火

工艺称为回火。因为淬火组织脆性大,存在淬火内应力,若钢件淬火后直接磨削加工,容易出现裂纹,精密零件和工具在使用过程中易产生变形而失去精度,所以钢件经过淬火之后必须进行回火处理,以降低脆性和内应力,并获得具有不同要求的力学性能。回火分为低温回火、中温回火和高温回火三种。

2.3.3　退火

退火是将钢件在炉内加热到一定温度,然后慢慢冷却(通常是在炉内)的热处理工艺。退火后的组织基本接近平衡组织。退火的主要目的是降低材料的硬度,提高其切削加工性,细化材料的内部晶粒,均匀组织,消除坯料在成形(锻造、铸造、焊接)过程中产生的内应力,并为后续的机械加工和热处理做准备。

根据退火目的的不同,最常用的有完全退火和去应力退火两种:完全退火,简称退火,加热温度为 800～900℃,适用于中低碳钢件;去应力退火是将钢件加热至 500～650℃,保温 1～3 h 后随炉缓慢冷却到室温的低温退火,用于消除锻件、焊件和铸铁件的内部应力。消除铸铁内应力的另一种方法是自然稳定(时效),将铸铁长时间(如数月甚至数年)置于露天环境中,使内应力慢慢放松,从而使尺寸稳定。

2.3.4　正火

钢件在炉内加热至 800～ 900℃,在空气中冷却的热处理过程称为正火。由于正火冷却速度略快于退火,正火零件的后期强度和硬度更高,切削性能和表面质量好,且操作方便,生产周期短,能耗少,所以在可能的条件下,应优先考虑正火处理。但是其应力消除不像退火那么好。正火主要用于以下几方面:

金属热处理
工艺:正火

(1)对于要求较低的结构件,可作最终热处理。正火可以细化晶粒,正火后的力学性能较高。当大型或复杂零件淬火时,可能存在开裂的风险,因此正火可作为普通结构件或大型复杂零件的最终热处理。

(2)提高低碳钢和低碳合金钢的切削加工性。一般认为,硬度在 160～230HBS 范围内,金属切削加工性较好。硬度过高时,不仅加工困难,而且刀具容易磨损;而硬度过低时切削容易"粘刀",还会使刀具发热和磨损,而加工零件表面粗糙度值高。低碳钢和低碳合金钢退火后的硬度一般在 160HBS 以下,所以可加工性不好。正火可以提高其硬度,改善可加工性。

(3)消除过共析钢中的二次渗碳体,为球化退火做好组织准备。这是因为正火冷却速度较快,二次渗碳体来不及沿奥氏体晶界呈网状析出。

2.3.5　表面热处理

当一些零件要求表面坚硬耐磨,且内芯有足够的韧性时,可采用表面热处理。表面热处理分为表面淬火和化学热处理。

表面淬火是指工件表面硬化、内芯未淬火的局部淬火。其方法是将工件表面迅速加热,达到淬火温度,然后立即喷水冷却,只对表面进行淬火。表面淬火适用于中碳钢和中碳合金钢。若含碳量过低,则淬火层硬度不高,如果含碳量过高,表面容易淬火,内芯的韧性不足。根据表面加热方式的不同,可分为表面淬火和高频淬火。表面淬火简单易行,但淬火层的深度和加热温度不易掌握,容易过热,质量不稳定。高频淬火质量高,生产率高,适合大批量生产。

化学热处理是使零件表面渗入某些元素,改变零件表面化学成分和结构的热处理过程。化学热处理可以提高零件表面硬度、耐磨性、耐蚀性、抗氧化性等。化学热处理有渗碳、渗氮、碳氮共渗、渗铬和渗铝,其中以渗碳应用最为广泛。渗碳是将碳原子渗入齿轮等钢件表面,以增加其表面含碳量的过程。渗碳方法包括固体渗碳和气体渗碳。渗碳适用于低碳钢和低碳合金钢。渗碳件经过淬火后低温回火,因表面含碳量增高可获得较高的硬度(58~62HRC),内芯因含碳量低仍保持较高的韧性。

相较表面淬火,渗碳可以使零件的表面具有更高的硬度,内芯具有更高的韧性。但是成本高,生产周期长,所以渗碳主要用于磨损严重,又受强烈冲击工作的重要零件,如汽车、大型机械齿轮箱齿轮、活塞销等。

2.4 工程材料的选用原则

2.4.1 材料的使用性能

使用性能是指零件在使用时所应具备的材料性能,包括机械性能、物理性能和化学性能,这是选材的最主要依据。对大多数零件而言,机械性能是主要的性能指标,表征机械性能的参数主要有强度、弹性极限、屈服强度、伸长率、断面收缩率、冲击韧性及硬度等。在这些参数中,强度是机械性能的主要指标,只有在强度满足的情况下,零件才能正常的工作,并且经久耐用。我们在"材料力学"的学习中发现,在设计与计算零件的危险截面尺寸或校核安全程度时所用的许用应力,都要根据材料强度数据推出。

2.4.2 材料的工艺性能

材料的加工工艺主要有铸造、压力加工、切割、热处理和焊接。其加工工艺的好坏直接影响零件的质量、生产效率和成本。因此,材料的工艺性能也是材料选择的重要依据之一。

(1)铸造性能:一般熔点低、结晶温度范围小的合金具有良好的铸造性能。如合金的共晶成分具有最好的铸造性能。

(2)压力加工性能:钢材承受冷热变形的能力。冷变形性能是成形性良好的标志,加工后表面质量高,不易开裂;而热变形性能的良好标志是接受热变形能力强,抗氧化性高,变形温度范围小,热脆倾向小。

(3)切削性能:刀具磨损、动力消耗和表面粗糙度等是评价金属材料切削性能优劣的指标,也是合理选择材料的重要依据之一。

(4)可焊性:焊缝区强度不低于母材,且无裂纹是衡量材料焊接性能的标志。

(5)热处理性能:用来评价钢材在热处理过程中所表现的行为。用过热倾向、淬透性、回火脆性、氧化脱碳倾向以及变形开裂倾向等来衡量热处理工艺性能的优劣。

总之,良好的加工工艺可以大大降低加工过程的动力、材料消耗,是降低产品成本的重要途径。

2.4.3　材料的经济性能

每台机器的产品成本是衡量劳动生产率的重要指标。产品的成本主要包括原材料成本、加工成本、产量和生产管理成本。材料的选择也要以经济效益为重,根据国家资源,结合国内生产来考虑。此外,还应考虑零件的寿命和维修费用,如果选择新材料,要考虑研究和试验费用。

思政课堂——中国材料学之父师昌绪院士

师昌绪(1918 年 11 月 15 日—2014 年 11 月 10 日),中国著名材料科学家、战略科学家,中国科学院、中国工程院资深院士 ,国家最高科学技术奖获得者。1980 年当选中国科学院院士,1994 年当选中国工程院院士。1995 年当选为第三世界科学院院士。2010 年荣获国家最高科学技术奖。2015 年被评为感动中国 2014 年度人物。曾任中国科学院金属研究所所长、中国科学院技术科学部主任、国家自然科学基金委员会副主任、中国工程院副院长、湘潭大学名誉董事长等。他是第三、五、六届全国人大代表,九三学社第七届中央委员。

1941 年,青年时期的师昌绪报考了国立西北工学院(今西北工业大学)的采矿冶金系。当时,国立西北工学院主要由北洋工学院、北平大学工学院、东北大学工学院及私立焦作工学院组成。师昌绪在西北工学院就读期间,每天早起晚睡,认真读书,既不午休,也很少有周末。因此,他成绩很好,平均分专业第一,远远超过第二名。与此同时,他对集体活动却从不吝啬时间,作为班长和系学生会主席,他乐于助人的名声,让他在同学中有着很好的人缘。

从国立西北工学院毕业后,师昌绪赴美国留学深造。1949 年后,他排除万难,回国工作。先后在中国科学院沈阳金属研究所、中国科学院、国家自然科学基金委等单位任职,并于 2010 年荣获国家最高科技奖。

师昌绪先生是我国高温合金的奠基人,把毕生精力献给了祖国的科技事业。师昌绪先生致力于材料科学研究,在高温合金、合金钢、金属腐蚀与防护等研究领域取得了丰硕成果,主持研制出多项国家急需的战略材料及部件,丰富和发展了凝固理论、相变理论、性能评价方法;引领和推动了我国纳米科学技术、碳纤维、金属腐蚀与防护、生物医用材料、镁合金等学科的快速发展;造就和培育了大批材料与工程科学的杰出人才;就我国大型飞机、航空发动机及燃气轮机、新材料研究等重点科技领域发展向党中央、国务院提出多项重要建议,为推动我国科技事业发展作出了重大贡献。

资料来源:《光明日报》(2014 年 11 月 11 日 06 版)

最美劳动者——吴运铎

劳动模范是劳动群众的杰出代表,是最美的劳动者。劳动模范身上体现的"爱岗敬业、争创一流，艰苦奋斗、勇于创新，淡泊名利、甘于奉献"的劳模精神，是伟大时代精神的生动体现。

《把一切献给党》，是一部在 20 世纪 50 年代脍炙人口的自传体小说，写的是一个普通工人成长为无产阶级战士的感人故事。它问世以来，不仅在我国多次再版，教育影响了几代人，而且被译成多种文字，在世界各地广为流传。这本书的主人公和作者，就是中国抗日战争时期革命根据地兵工事业的开拓者、新中国第一代工人作家吴运铎。

吴运铎，祖籍湖北武汉，1917 年生于江西萍乡。抗战爆发后，他奔向皖南云岭，1938 年参加新四军，1939 年加入中国共产党。在抗日战争和解放战争中历任新四军司令部修械所车间主任，淮南抗日根据地子弹厂厂长、军工部副部长，华中军工处炮弹厂厂长，大连联合兵工企业引信厂厂长，株洲兵工厂厂长。

1947 年，吴运铎奉命去大连建立引信厂并担任厂长。在一次试验弹药爆炸力的时候发生意外，他被炸得浑身是伤。在几个月的治疗中，他阅读小说《钢铁是怎样炼成的》，从中得到鼓舞和激励。为了伤愈后更好地工作，他努力学会了日文。当他能下地时，便请示领导买来化学药品和仪器，把病房变成实验室，研制成一种高效炸药。

在战争年代，他多次负伤，失去了左眼，左手、右腿致残，经过 20 余次手术，身上仍留有几十块弹片。他以顽强的毅力坚持战斗在生产、科研第一线。他说："只要我活着一天，我一定为党为人民工作一天。"

资料来源：《人民日报》(2021 年 5 月 1 日 07 版)

第3章　切削加工基本知识

金属切削过程是一种使用切削刀具从毛坯中去除多余金属,以获得所需形状、尺寸精度和表面粗糙度的零件的过程。

机器上的绝大多数零件除了精密铸造或精密锻造、模具成型等少数几种非切屑加工方法外,都是通过切削加工获得的,所以正确进行切削加工,对于保证零件的质量、提高生产效率、降低成本、具有重要的意义。

切削加工的工作内容可分为钳工和机械加工两大部分。

钳工是指工人操纵手持工具对零件进行切削加工的方法,其主要工作内容有錾削、锯割、锉削、刮削、研磨、钻孔、扩孔、铰孔、攻螺纹、套螺纹、装配、划线等。钳工使用的工具简单,操作方便灵活,可完成机械加工不便完成的多项工作内容,是机械制造、装配、修理工作中不可缺少的重要工种。

机械加工是指工人操纵机床对零件进行切削加工的方法,切削加工的工作内容主要有车削、钻削、冲削、铣削、刨削、磨削等,机械加工使用的机床也相应被称为车床、钻床、冲床、铣床、刨床、磨床等。

3.1　切削加工的运动分析及切削要素

3.1.1　零件表面的形成及切削运动

机械零件的形状复杂且多种多样,但任何形状的表面都可视为由简单几何表面组合而成。这些简单几何表面包括圆柱面、圆锥面、鞍形面、

切削用量

平面、球面、螺旋面、圆环面、成形曲面等,由这些简单几何表面进行叠加、切割,就可以构成各种形状的零件。任何零件表面,都可视为由一条母线沿另一条导线运动而形成。

外圆面和内圆面(孔)是以某一直线为母线,以圆为轨迹,作旋转运动时所形成的表面。平面是以一直线为母线,以另一直线为轨迹,作平移运动时所形成的表面。成形面是以曲线为母线,以圆或直线为轨迹,作旋转或平移运动时所形成的表面。

要对这些表面进行加工,刀具与工件必须有一定的相对运动,这就是切削运动。切削运动包括主运动和进给运动(见图3-1)。

1. 主运动

主运动用切削速度(v_c)表示,是机床利用刀具切除工件上的切削层,使之转变成切屑,以形成工件新表面的运动。其是切削运动中速度最快、消耗功率最大的运动。如车削过程中主轴的转速、铣削时铣刀的回转运动、刨削时刨刀的直线运动、磨削过程中砂轮的转速等,都是主运动。

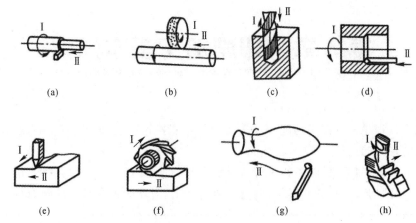

图 3-1 零件不同表面加工时的切削运动
(a)车外圆； (b)磨外圆面； (c)钻孔； (d)车床镗孔；
(e)刨平面； (f)铣平面； (g)车成形面； (h)铣成形面

2. 进给运动

进给运动是使工件切削层不断进入切削,从而加工出完整表面所需的运动。它用进给速度 v_f(mm/s)或进给量 f 来表示。车削时车刀的纵向移动或横向移动、钻孔时钻头的轴向移动、外圆磨削时工件的旋转运动(圆周进给)和纵向移动、牛头刨床刨水平面时工件的间歇移动等均属于进给运动。

一般说来,主运动只有一个,但是进给运动可以有一个、两个或多个。进给运动在主运动为旋转运动时是连续的,而在主运动为直线运动时是间歇的。

进给运动是机床的基本运动之一,对机床的加工质量和生产效率都有直接的影响。对于有一定加工范围的机床,其进给运动是可以改变速度的,用于适应不同的工艺要求。当进给量级数较多时,采用等比数列作为进给量系列;在特殊情况下才使用等差数列。

进给运动与主运动相比,其特点是功率和速率都很低,而且大多是直线运动。由于执行件的速度低,因而一般采用电动机作为运动源时,都需有较大的降速。为了简化机构,常采用能实现较大降速比的传动机构,如蜗轮蜗杆机构、行星齿轮机构等。又由于进给运动所需的功率小,因而其功率损耗不是设计的主要问题。

3.1.2 切削用量和切削层几何参数

在切削过程中,工件上形成了下述 3 个表面。已加工表面:工件上切除切屑后留下的表面。待加工表面:工件上将被切除切削层的表面。切削表面(过渡表面):工件上正在切削的表面。切削用量是衡量切削运动大小的参数,是加工中调整使用机床的依据。用量对保证产品质量和提高生产效率起着重要作用。

主剖面与剖面参考系

1. 切削用量

切削用量又称切削要素,包括切削深度(背吃刀量)、进给量和切削速度(一般为主轴转速)。

切削用量三要素   三要素简单计算

（1）切削深度（背吃刀量）用 a_p 表示。切削深度是指工件上已加工表面与待加工表面间的垂直距离（见图 3-2），也就是每次进给时刀具划入工件的深度，单位为 mm。车外圆或内孔时的切削深度 a_p 可按下式计算：

$$a_p = \frac{d_w - d_m}{2}$$

式中：d_w—— 工件待加工表面直径，mm。

　　　d_m—— 工件已加工表面直径，mm。

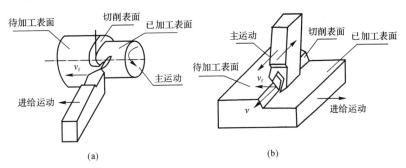

图 3-2　车削（a）与刨削（b）的切削运动和加工表面

（2）进给量用 f 表示。进给量，又称走刀量，是指在单位时间内，刀具在进给方向上相对工件的位移量。不同的加工方法，由于所用刀具和切削运动形式不同，进给量的表述和度量方式也不同，其度量方式有两种。车削时［见图 3-2(a)］，进给量指工件每转一周，刀具沿进给方向所移动的距离，以 f 表示，单位为 m/r。在牛头刨床上刨削［见图 3-2(b)］时，进给量指刀具每往复运动（用 str 表示）一次，工件所移动的距离，单位为 mm/str。铣削时，因铣刀为多齿刀具，所以规定了每齿进给量，即铣刀每转过一个齿（用 z 表示），工件沿进给方向所移动的距离，单位是 mm/z，一般情况下铣削的进给量一般用进给速度 v_f 表示，即每分钟工件沿进给方向所移动的距离，单位是 mm/min，$v_f = f_n$。

车削时，进给量又分纵向进给量和横向进给量两种。纵向进给量即沿车床床身导轨方向的进给量。横向进给量即垂直于车床床身导轨方向的进给量。

（3）切削速度用 v_c 表示。切削速度是指主运动的线速度或者转速，在车削加工时可以理解为车刀在单位时间内车削工件表面的理论展开直线长度，它表示主运动的大小（单位为 m/min）。

车削时切削速度可按下式计算：

$$v_c = \frac{\pi d n}{1\,000} \approx \frac{d n}{318}$$

式中：v_c—— 切削速度，m/min；

　　　d—— 工件直径，mm；

　　　n—— 工件转速，r/min。

车削时，工件作旋转运动，不同直径处的各点切削速度不相同，计算时应以最大的切削速度为准。如车外圆时应以待加工表面的直径代入上式计算。

2.切削层几何参数

如图 3-3 所示，车刀移动一个进给量 f 之后，切除的金属层称为切削层。切削层的大小和形状,决定了切削部分所承受的载荷大小及切下的切屑形状和尺寸。

（1）切削层公称厚度 h_D（切削厚度 a_c），是指垂直于加工表面度量的切削层尺寸。车外圆时，$h_D = f\sin\kappa_r$。

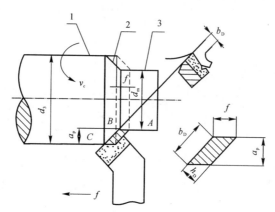

1—待加工表面；2—过渡表面；3—已加工表面

图 3-3　切削用量

（2）切削层公称宽度 b_D（切削宽度 a_w），是指平行于加工表面度量的切削层尺寸。车外圆时，$b_D = a_p / \sin\kappa_r$。

（3）切削层公称横截面积 A_D（切削面积 A_C），是指在切削层尺寸平面里度量的横截面积。$A_D = h_D b_D = a_p f$。

3.2　刀具材料简介

大部分刀具都是由夹持部分和切削部分组成的，也有一体刀具。刀具夹紧部分的主要作用是保证刀具的切削部分有正确的工作位置，材料一般为中碳钢。刀具的切削部分是用来直接切削工件的，必须有合理的切削角度等几何参数，同时，刀具是在非常大的切削力和高温下工作的，并且与工件和切屑有严重的摩擦，因此，刀具切削部分的材料必须具有良好的切削性能。

3.2.1　刀具材料应具备的性能

刀具材料的性能是影响加工表面质量、切削效率、刀具寿命的重要因素。而在切削过程中，刀具切削部分是在较大的切削压力、较高切削温度以及剧烈摩擦条件下工作的。在切削余量不均匀或断续切削时，刀具还受到很大的冲击和振动。因此，刀具材料必须具备以下基本性能。

1.高硬度

传统加工的刀具材料的硬度必须高于被加工材料的硬度才能实现正常的金属切削过程（特种加工除外），通常在室温下，刀具材料的硬度应在 60HRC 以上。

2.高耐磨性

刀具在切削过程中要承受剧烈的摩擦，因此必须具有高的耐磨性。刀具材料越硬，其耐磨性越好，但由于切削条件较复杂，材料的耐磨性还决定于它的化学成分和金相组织的稳定性。

3.足够的强度和韧性

强度是指刀具抵抗切削力的作用时不会出现刀刃崩碎与刀杆折断等情况的能力，一般用抗弯强度来表示。

冲击韧性是指刀具材料在间断切削或有冲击的工作条件下保证不崩刃的能力。

切削时,刀具要承受较大的压力、冲击和振动。因此刀具材料必须具备足够的强度和韧性。一般情况下,硬度越高,冲击韧性越低,材料则越脆。

4.高耐热性与化学稳定性

耐热性又称红硬性,是指材料在高温下保持材料硬度的性能,可用高温硬度来表示,也可用维持刀具材料切削性能的最高温度限度表示。它综合反映了刀具材料在高温下保持硬度、耐磨性、强度、抗氧化、抗黏结和抗扩散的能力。

化学稳定性是指材料在高温下不易与被加工材料及周围介质发生化学反应的能力,包括抗氧化性、抗黏结能力等。

5.良好的工艺性和经济性

为了便于刀具的制造和推广使用,刀具材料应有良好的工艺性,如锻造、热处理及磨削加工性能。当前超硬材料及涂层刀具材料费用都较高,但其使用寿命很长,在成批大量生产中,分摊到每个零件中的费用反而有所降低。因此在制造和选用时应综合考虑经济性。

3.2.2　常用刀具材料

刀具材料分为工具钢(碳素工具钢、合金工具钢、高速钢等)、硬质合金、陶瓷和超硬材料(人造金刚石、立方氮化硼等)四大类。由于碳素工具钢与合金工具钢的耐热性较差,故仅用于手动和低速刀具;而陶瓷、人造金刚石、立方氮化硼等刀具材料,虽然硬度和耐磨性很好,但成本较高,强度和韧性较差,易崩刃破损,目前主要用于难加工材料的精加工。因此,机械加工中应用最广泛的刀具材料主要是高速钢和硬质合金。常见常用刀具材料的牌号、性能及其用途见表 3 - 1。

表 3 - 1　常见常用刀具材料牌号、性能及其用途

种类	常用牌号		硬度	红硬性/℃	工艺性能	用途举例
碳素工具钢	T8A,T10A T12A,T13A		≥62HRC	200	可冷、热加工成形,刃磨性能好	用于手动工具,如锉刀、锯条等
合金工具钢	9SiCr,CrWMn		≥62HRC	250～300	可冷、热加工成形,刃磨性能好,热处理变形小	用于低速成形刀具,如丝锥、板牙、铰刀
高速钢	W18Cr4V, W6Mo5Cr4V2		≥63HRC	550～600	可冷、热加工成形,刃磨性能好,热处理变形小	用于中速及形状复杂的刀具,如钻头、铣刀等
硬质合金	钨钴类	YG3 YG6 YG8	74～82HRC	850～1 000	由粉末冶金成形,多做成镶片使用,较脆	用于高速切削刀具,如车刀、铣刀。钨钴类用于加工铸铁、有色金属与非金属材料。钨钛钴类用于加工钢件
	钨钛钴类	YT5 YT15 YT30				
	钨钛钽钴类	YW1 YW2	74～82HRC	850～1 000	由粉末冶金成形,多做成镶片使用,较脆	适用于加工脆性材料和塑性材料性材料

续表

种类	常用牌号	硬度	红硬性/℃	工艺性能	用途举例
涂层刀具	TiC,TiN	3 200HV	1 100	刀具材料表面的硬度和耐磨性大为提高	用于高速切削刀具,如车刀、铣刀,但切制速度可提高30%左右,同等速度下,寿命提高2~5倍
陶瓷	AM,AMT,SG4,AT6	93~94HRA	1 200	硬度高于硬质合金,脆性大于硬质合金	由于精加工优于硬质合金,可用于加工淬火钢
立方氮化硼(CBN)	FN,LBN-Y	7 300~9 000HV	1 300~1 500	硬度高于陶瓷,较脆	由于切削加工优于陶瓷,可用于加工淬火钢
人造金刚石		10 000HV	600	硬度高于CBN,性能较脆	用于非铁金属精密加工,不宜切削铁类金属

思政课堂——加工中国原子弹心脏的大国工匠原三刀

  1964年10月16日,中国在新疆进行了第一次核试验,成功地爆炸了一颗当量相当于2万吨梯恩梯炸药的原子弹。世界上第一枚原子弹,美国的"曼哈顿工程"顶峰时期参与人员超过50万;苏联仅首次核试验就动用了20万军民。中国的"596计划"参与人数迄今并没有精确的统计数字,一般认为不少于30万人,参与者的身份也不光只有科学家,还有部队指战员、工程师、工人,甚至当地的民兵。其中有一位大国工匠,名叫"原三刀"(本名原公浦)。

  我国"两弹一星"元勋之一的钱三强曾形容原公浦:"你是一颗螺丝钉,一颗非常重要的螺丝钉。"他这颗螺丝钉,当年手握的就是原子弹的"心脏"——铀球。铀球是原子弹的核心部件:由数万人经过十年的努力,从开采矿石开始,把原子弹爆炸的原料一步步从水冶、扩散、浓缩直到转化成半球形的金属铀球。它是第一代核科学家、核工程技术人员的心血,更是国家力量的象征。

  如果在最后三刀,原公浦随便一刀发生哪怕一根头发丝的偏差,中国的原子弹爆炸,就不可能发生在1964年了。

  再制造一颗,还不知道得耗费多长时间!

  "只许成功,不许失败"是原公浦给自己定下的目标。成败在此一举。当他接受这个任务,准备走进铀球加工区域时,因工作需要保密,他只给自己同单位的妻子留下了一句话,"你把女儿带大"。他的妻子一下子就哭出来了,要知道,当时他们的女儿才1岁。关键的核心部件铀球,应由最出色的车工来加工完成。在众多的优秀车工技术选拔中,6级车工的原公浦技高一筹。于是,主刀加工的重任就落到了他的肩上。为此,他承受了极大的心理压力。

  这是一项堪称"看不见的刀山火海"的任务,不仅要确保铀球质量达标,还要避免产生中子辐射的临界事故。打磨铀球的过程中,会受到中子辐射的影响,原公浦不得不穿上厚重的防护服,但加工标准不变,加工铀球的难度进一步加大。最后三刀,不能多也不能少!原公浦全神贯注,车一刀,量一下,然后第二刀,再停一下,最后一刀,原公浦硬是挺下来了。检查员报告:核心部件的精确度及尺寸等各项数据全部达到设计指标。原公浦和他的同事们,用普通的机床,加工出高精度的产品,这不能不说是一个奇迹。

中国第一颗原子弹的惊天巨响,凝聚着每一位功臣们的血汗! 从此,中国成为了一个真正大国!

资料来源:《Brand 观察家》(2020 年 6 月 17 日)

最美劳动者——孟泰

孟泰是 1949 年后第一代全国著名的劳动模范,他是河北省丰润县人,1898 年出生于一个贫苦农民的家庭。他爱厂如家,艰苦创业,在恢复和发展鞍钢生产中作出了重大贡献。

孟泰 1949 年 8 月加入中国共产党,成为鞍山 1949 年后第一批发展的产业工人党员之一。他带领广大工人把日伪时期遗留下来的几个废铁堆翻了个遍,建成了当时著名的"孟泰仓库"。抗美援朝战争期间,他主动当了护厂队员,把行李扛到高炉上,冒着遭到空袭的危险,随时准备用身体护卫高炉。

孟泰的钻研精神与苦干精神同样有名。著名的"孟泰工作法"就是他多年来在高炉工作实践中摸索出来的一套工作规律及操作技术。"一五"计划开始后,他以主人翁的姿态带领工友们对生产工艺和设备进行技术改造,自制高炉风口,巧制"桥型抓"。他自己设计制造成功的双层循环水使冷却热风炉燃烧筒的寿命提高了 100 倍。

在鞍钢面临停产的情况下,他组织了 500 多名技协积极分子开展了从炼铁、炼钢到铸钢的一条龙厂际协作联合技术攻关,先后解决了十几项技术难题,终于成功自制大型轧辊,填补了我国冶金史上的空白,被誉为"为鞍钢谱写的一曲自力更生的凯歌"。

在担任鞍钢炼铁厂副厂长的 8 年中,他被工人们称为"身不离劳动、心不离群众的干部"。

资料来源:《人民日报》(2020 年 5 月 1 日 07 版)

第4章 钳 工

4.1 钳工概述

钳工是利用手工工具和钻床对工件进行切削加工或对机器零件进行拆卸、装配和维修等操作的工种。钳工的基本操作有划线、錾削、锯削、锉削、刮削、研磨、钻孔、扩孔、锪孔、铰孔、攻螺纹、套螺纹和装配等。

钳工常用设备有钳工工作台、台虎钳、砂轮机、台式钻床、立式钻床、摇臂钻床等。根据工作内容的不同,钳工可分为普通钳工、划线钳工、模具钳工、工具钳工、装配钳工、机修钳工等。

钳工与机械加工相比,具有工具简单、操作灵活的特点,可以完成用机械加工不方便或难以完成的工作,有些工作也是其他工种无法取代的。虽然钳工工人劳动强度大,生产率低,对工人技术水平要求高,但在机械制造和修配工作中,钳工仍是必不可少的工种。

钳工的应用范围很广,主要体现在以下几方面:①机械加工前的准备工作,如清理毛坯、在工件上划线等;②在单件小批生产中制造一般零件;③加工精密零件,样板、模具的精加工,刮削或研磨机器和量具的配合表面等;④装配、调整和修理机器等。

4.1.1 台虎钳

台虎钳是夹持工件的主要设备,其结构如图 4-1 所示。它的规格大小是以钳口的宽度来表示的,常用的有 100 mm,120 mm 和 150 mm 三种。

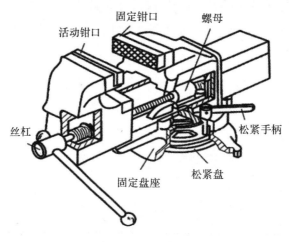

图 4-1 台虎钳

使用台虎钳应注意以下事项:

(1)工件应夹在台虎钳钳口中部,使钳口受力均匀。

(2)当转动手柄夹紧工件时,手柄上不准使用增力套管或用锤敲击,以免损坏台虎钳。

(3)夹持工件的光洁表面时,应垫紫铜皮或铝皮加以保护。

(4)对丝杠、螺母等活动表面应经常清洗、润滑,以防生锈。

(5)不允许在活动钳身和光滑平面上敲击作业。

4.1.2　钳工工作台

钳工工作台又叫钳台或钳工台,用来安装台虎钳、放置工量具和工件等,如图 4-2 所示。钳工工作台常用种类有防静电工作台、不锈钢工作台、榉木工作台、铸铁工作台、复合板工作台等,其上面的配件有照明架、吊架、搁板、方孔挂板、百叶挂板、动力电源插座、电器盒、零件盒挂条、工具柜等。钳台一般用硬质木材制成,台面常用低碳钢板密封,安放要平稳,工作台台面高度为 800～900 mm。为了安全,台面前方装有防护网。

4 1.3　钻床

常用的钻床有台式钻床、立式钻床和摇臂钻床三种。它们共同的特点是:工件固定在工作台上不动,刀具安装在钻床主轴上,主轴一方面旋转作主运动,一方面沿着轴线方向移动作进给运动。

1.台式钻床

台式钻床(见图 4-3)是一种放在钳工桌上使用的小型钻床,适合于在小型工件上加工孔径在 12 mm 及以下的小孔。主轴变速靠其顶部塔形带轮实现。主轴的进给为手动方式,为了适应不同高度工件的加工需要,主轴架能够沿立柱上下调整位置。在调整主轴高度前,先将定位环移动至目标位置并锁紧,以防调节主轴架时主轴架坠落。小工件放在工作台上加工。工作台也可在立柱上下移动,并绕立柱旋转到任意位置。工件较大时,可把工作台转开,直接放在机座上加工。

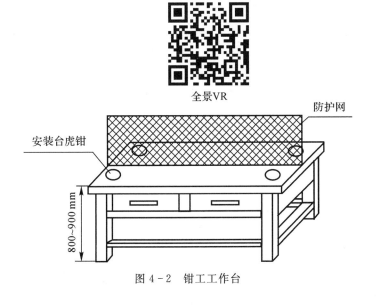

图 4-2　钳工工作台

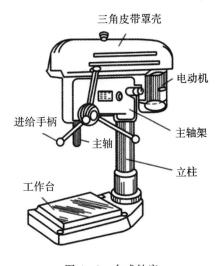

图 4-3　台式钻床

2.立式钻床

立式钻床(见图4-4)的主轴在水平面上的位置是固定的,这一点与台式钻床相同。

加工时,必须移动工件,使要加工的孔的中心对准主轴轴线。因此,立式钻床适合于中小型工件孔的加工(孔径小于50 mm)。立式钻床主轴箱中装有主袖、主运动变速机构、进给运动变速机构和操纵机构。

加工时主轴箱固定不动,主轴能够正、反旋转。利用操纵机构上的进给手柄使主轴沿着主轴套筒一起作手动进给,以及接通或者断开机动进给。工件直接或通过夹具安装在工作台上。工作台和主轴箱都装在方形截面的立柱垂直导轨上,可以上、下调节位置,以适应不同高度的工件。

3.摇臂钻床

摇臂钻床(见图4-5)有一个能围绕立柱旋转的摇臂,摇臂带着主轴箱可沿立柱垂直移动,主轴可沿自身轴线纵向移动或进给。摇臂钻床的这些特点,使得操作时能很方便地调整刀具的位置,以对准被加工孔的中心,而不需移动工件来进行加工,比起在立钻上加工要方便得多。

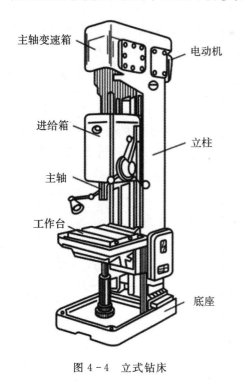

图 4-4 立式钻床

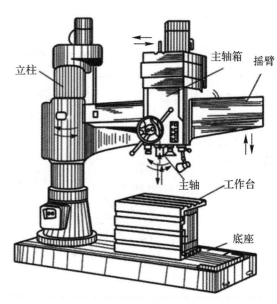

图 4-5 摇臂钻床

4.2 划　　线

划线是指钳工根据图样要求,在毛坯上明确表示出加工余量、划出加工位置尺寸界线的操作过程。划线既可作为工件装夹及加工的依据,又可用于检查毛坯是否合格,还可以通过合理分配加工余量(又叫借料)尽可能挽救废品。当毛坯误差不太大时,往往依靠划线时借料的方法予以补救,使加工后的零件仍符合图样要求。对于复杂的零件,划线有助于在机床上装夹找正。因此,在单件小批量生产条件下,划线仍是机械加工过程中的一个重要工序。

4.2.1　划线的作用与分类

划线的作用如下：

(1)借划线来检查毛坯的形状和尺寸,避免把不合格的毛坯投入机械加工而造成浪费。

(2)表示出加工余量、加工位置或工件安装时的找正线,作为工件加工或安装的依据。

(3)合理分配加工表面的余量。

(4)在板料上按划线下料,可做到正确排列、合理使用材料。

划线可分为平面划线和立体划线两种。平面划线是在工件的一个表面上划线。立体划线是在工件的几个表面上划线,即在长、宽、高的 3 个方向上划线。

4.2.2　划线基准选择

在工件上划线时,必须选择工件上某个点、线、面作为依据,并以此来调节每次划线的高度,划出其他点、线、面的位置。这些作为依据的点、线、面称为划线基准。在零件图上用来确定零件各部分尺寸、几何形状和相互位置的点、线或面称为设计基准。

划线前,应首先选择和确定划线基准,然后根据它来划出其余的尺寸线。划线基准的选择原则如下：

(1)原则上应尽量与图样上的设计基准一致,以便能直接量取划线尺寸,避免尺寸之间的换算而增加划线误差；

(2)若工件上有重要孔需加工,一般选择该孔中心线为划线基准；

(3)若工件上个别表面已加工,则应选该平面为划线基准；

(4)若工件上所有表面都需加工,则应以精度高和加工余量少的表面作为划线基准,以保证主要表面的精度要求。

4.2.3　划线的工具

1.划线平板

划线平板(见图 4 - 6)又叫划线平台、铸铁划线平板、铸铁划线平台。划线平板是检测机器零件平面度、直线度等形位公差的测量基准,可用于零件划线研磨加工,安装设备等；划线平板也可用于一般零件及精密零件的划线、铆焊研磨工艺加工及测量等。划线平板用铸铁加工而成,表面经过精加工(精刨或刮削),具有较高的精度,是划线的基准面。

图 4 - 6　划线平板

划线平板表面的平整性直接影响划线的质量,在日常使用和维护过程中要注意以下事项。

（1）安装划线平板，要使上平面保持水平状态，避免倾斜后在长期重力作用下发生变形。

（2）使用时平板工作表面应保持清洁，防止铁屑、灰砂等在划线工具的拖动下划伤工作表面，影响划线的精度。

（3）工具和工件在平板上应轻拿轻放，避免冲击，更不能在平板上敲击工件，同时大平板上不应该经常划小工件，避免局部磨损加剧。

（4）划线结束、平板使用完毕后应将平板表面擦干净，并涂抹机油防生锈。

2.划针

划针（见图4-7）是刻画线条的基本工具。划针用工具钢或弹簧钢丝制成，端部磨尖成15°～20°，经过淬火处理，硬度可以达到划线的要求，划针的使用方法与铅笔相似，用左手压紧导向的尺子，防止其移位影响划线的质量。划针尖端紧靠尺子的边缘，上部向外倾斜约15°，沿划线方向倾斜60°左右。用划针划线要一次划成，如果重复地划同一条线，线条会变粗，模糊不清。

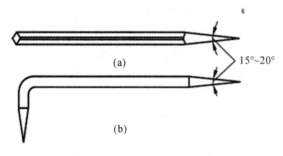

图4-7 划针

(a)普通划针； (b)弯头划针

3.划规

划规可以划圆和圆弧、等分线、等分角度以及量取尺寸等，是用来确定轴及孔的中心位置、划平行线的基本工具。划规用中碳钢或工具钢制成，两脚尖端经淬火后磨尖。有的是在两脚尖上焊一段硬质合金，减少尖端使用时的磨损。划规（见图4-8）的种类很多，常用的有普通划规、扇形划规、弹簧划规和地规等几种。使用前划规两脚的长短应磨得稍有不同，并保证划脚能靠拢，划规的脚尖应保持尖锐。划圆时，应以较长的划脚作为旋转中心，垂直施加一定压力，而另一个划脚应保持较轻的侧压力在工件表面上划出圆弧。

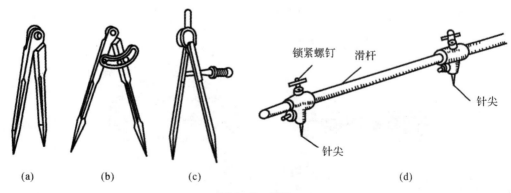

图4-8 划规

(a)普通划规； (b)扇形划规； (c)弹簧划规； (d)地规

4.划线盘

划线盘(见图4-9)用来在划线平板上对工件进行划线或找正工件在平板上的位置。划针的直头用来划线,弯头用于找正。

划线盘使用注意事项如下:

(1)用划线盘划线时,划针伸出夹紧装置以外不宜太长,并要夹紧牢固,防止松动,且应尽量接近水平位置夹紧划针;

(2)划线盘底面与平板接触面均应保持清洁;

(3)拖动划线盘时应紧贴平;

(4)划线时,划针与工件划线表面的划线方向保持40°~60°的夹角,要紧贴平板工作面,不能摆动、跳动。

5.高度尺

高度尺(见图4-10)又称游标高度尺、划线高度尺,由尺身、游标、划针脚和底盘组成,能直接表示出高度尺寸,其读数精度一般为0.02 mm,一般作为精密划线工具使用。

高度尺使用注意事项如下:

(1)游标高度尺作为精密划线工具,不得用于粗糙毛坯表面的划线;

(2)用完以后应将游标高度尺擦拭干净,涂油装盒保存。

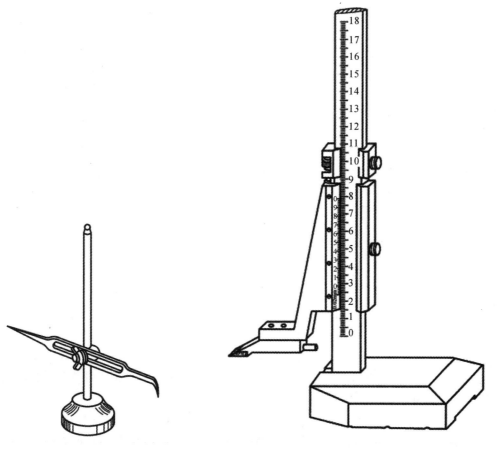

图4-9 划针盘　　　　　　　　　图4-10 游标高度尺

6. 样冲

样冲(见图4-11)是在已划好的线上打出一排小而且均匀的冲眼作为划线标记,防止在搬运、装夹和加工工件的过程中把划好的线擦模糊。在划圆的时候,在圆心的中心点处也要打样冲眼,便于在钻孔的时候钻头对准中心。样冲一般用工具钢制成,淬火后磨尖,锥角60°左右。

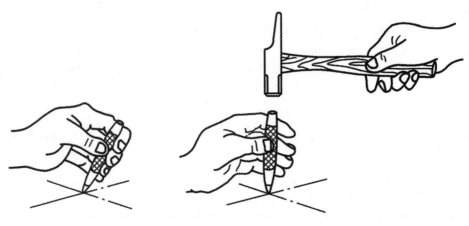

图4-11 样冲及其用法

7. 直角尺

直角尺又称90°角尺(见图4-12),在划线时用作划垂直线或平行线的导向工具,也可用来找正工件表面在划线平板上的垂直位置。

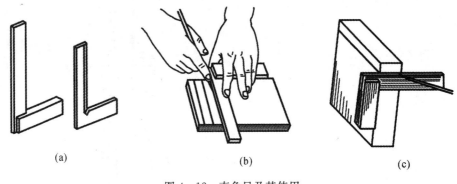

(a)   (b)   (c)

图4-12 直角尺及其使用

8. 支承工具

(1)方箱[见图4-13(a)]为常用的立体划线工具,是用铸铁制作的空心长方体或立方体,表面经精磨或刮削而成,各相邻表面互相垂直,各相对表面互相平行。方箱用来支承划线的工件,还可以通过夹紧装置把工件固定在方箱上。通过翻转方箱,可以把工件相互垂直的线在一次装夹中全部划出。

(2)V形块[见图4-13(b)]一般是两个为一组成套使用,V形槽的夹角一般为90°或120°。V形块主要用于支承工件圆柱形外表面,用以划出中心线,找出工件的中心。

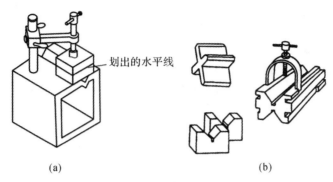

图 4-13 支承工具

(a)方箱； (b)V 形块

4.2.4 划线的方法

1.用直尺划线

紧贴直尺,在需要划线处的两边各划出两条较短的
定位线,然后再用尺子将各点连接起来(见图 4-14)。
在划线的时候要注意划针的尖端要沿着钢直尺的底边,

划线的要求　　　划线的使用

否则会导致划出的直线不直,尺寸不准确(见图 4-15)。划线时,划针还应该沿划线方向倾斜
30°～60°角,使针尖顺划线方向拖过去,碰到工件表面不平的地方,针尖可以滑过去,如果将划
针垂直或反向拖动,碰到不平处,针尖会跳动,使划出的线条不直。

图 4-14 用直尺划线

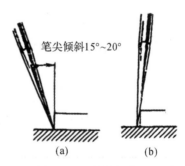

图 4-15 划线的位置

2.用直角尺划线

(1)划平行线:将直角尺的基准边紧贴在直尺上,根据要求的距离,推动角尺平移,并沿角
尺的另一边划出平行线。

(2)划垂直线:①将直角尺基准边靠在已经划好的直线上,然后沿角尺的另一边划出垂直
线;②绘制基准边的垂直线时,将直角尺厚的一面靠在工件上,然后沿角尺的另一边划出垂
直线。

3.用划规划线

划圆弧和圆时候先划出中心线,确定中心点的位置,并在中心点的位置上打上样冲眼,最
后用划规按要求的尺寸划圆弧或圆,如图 4-16 所示。若圆弧的中心点在工件的边缘上,划圆

弧的时候就要采用辅助支承。在铸有孔的工件上划圆加工线时,先将辅助支承放在圆的中心处,按要求找正圆心,然后再划圆线。

4. 轴类零件划圆心线

轴类零件的划线一般是端面上划打孔线或者在圆柱面上划开槽线和打孔线。端面划线通常情况下需要借助高度尺与分度头共同完成;划圆柱面开槽线和打孔线时,一般用高度游标卡尺或者划针盘和 V 形块配合完成,如图 4-17 所示。将轴类零件放在 V 形块槽中,把高度游标卡尺的游标调整到轴顶面上的高度,然后减去轴的半径,即可用刻划头在圆柱上划出中心线的位置。

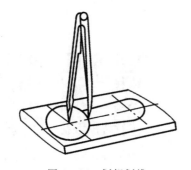 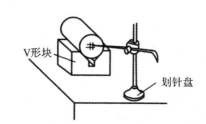

图 4-16 划规划线   图 4-17 角划针盘在轴类零件上划圆心线

5. 划线后打样冲的方法和要求

划完的线条必须用打样冲眼来做标记,防止在搬运或移动的过程中把线擦掉。

打样冲的方法:首先将样冲倾斜,使其顶尖对准划线的中心点,然后将样冲竖直冲眼。对打歪了的样冲眼,应先将样冲沿斜方向划线的交点方向轻轻地敲,当样冲位置已经校正到了划好的线后,再冲竖直冲眼。曲线样冲如图 4-18 所示。

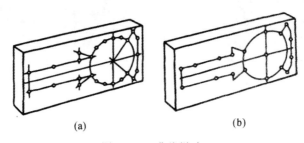

(a)   (b)

图 4-18 曲线样冲

4.3 锯 削

锯削是指用锯将工件或材料进行切断或切槽的一种加工方法。它可分为手工锯削和机械锯削两种。手工锯削是钳工的一项重要的操作技能。

锯削工具的使用

4.3.1 锯削工具

手工锯削的主要工具是手锯,它由锯弓和锯条组成。

1. 锯弓

锯弓是用来安装锯条的,它有可调式和固定式两种。固定式锯弓是整体的,只能安装固定长度的锯条,如图 4-19 所示。可调式锯弓由锯柄、锯弓、方形导管、夹头和翼型螺母等部分组成,夹头上安有装锯条的销钉。夹头的另一端带有螺栓,并配有翼形螺母,以便拉紧锯条,进而可以安装不同长度规格的锯条,如图 4-20 所示。

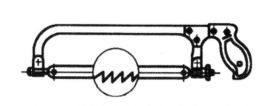

图 4-19 固定式锯弓

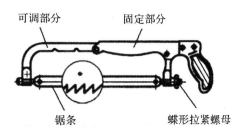

图 4-20 可调式锯弓

2. 锯条

锯条采用碳素工具钢(如 T10 或 T12)或合金工具钢,经淬火和低温回火热处理制成,具有一定的硬度。锯条的规格以锯条两端安装孔间的距离来表示(长度有 150~400 mm)。常用的锯条长 300 mm,宽 12 mm,厚 0.8 mm。

锯齿按齿距 t 的大小可分为粗齿(14~18 个齿,$t=1.6$ mm)、中齿(24 个齿,$t=1.2$ mm)、细齿(32 个齿,$t=0.8$ mm)三种。锯齿左右错开形成交叉式或波浪式排列称为锯路。锯路的作用是使锯缝宽度大于锯条厚度,以防止锯条卡在锯缝里,同时减少锯条在锯缝中的摩擦阻力,便于排屑,提高锯条的使用寿命和工作效率。

4.3.2 锯削步骤

1. 选择锯条

选择锯齿粗细的依据是被加工材料的硬度和加工厚度。一般硬或薄的材料选择细齿锯条;锯软钢、铝、紫铜、人造胶质材料时,因锯屑较多,要求有较大的容屑空间,应选择粗齿锯条;锯板材、薄壁管子等时,锯齿不易切入,锯削量小,不需要大的容屑空间,另外对于薄壁工件,在锯削时锯齿易被工件勾住而崩刃,需同时工作的齿数多,应选择细齿锯条;中等硬性钢、硬性轻合金、黄铜、厚壁管子锯削时,应选择中齿锯条。

2. 安装锯条

手锯在往前运动时起切削作用,因此锯条安装应使齿尖的方向朝前(见图 4-21),如果安装反向,则锯齿前角为负位,不能正常锯削。在调节锯条松紧时,翼形螺母不要旋得太紧或太松:太紧时锯条受力太大,在锯削中用力稍有不当,就会折断;太松则锯削时锯条容易扭曲,也容易折断,而且锯出的锯缝容易歪斜。一般松紧程度以用两个手指的力拧紧为止。锯条装好后要检查锯条装得是否歪斜扭曲,应保证锯条与锯弓在同一平面内。

3.安装工件

工件一般应夹在台虎钳的左面,以便操作;工件伸出钳口的部分应尽量短(应使锯缝离开钳口侧面约 20 mm),以防止锯切时产生振动,锯割线应与钳口垂直,以防锯斜;工件要夹紧,但要防止变形和夹坏已加工表面。同时防止工件在锯削时产生振动,锯缝线要与钳口侧面保持平行(使锯缝与铅垂线方向一致),便于控制锯缝不偏离划线线条;工件夹持要稳当、牢固,不可有抖动。

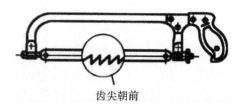

齿尖朝前

图 4-21　锯条的安装方法

4.起锯

(1)手锯的握法及锯削姿势(见图 4-22)。握锯时,应以右手满握锯柄,左手轻扶锯弓前端,推力和压力的大小主要由右手掌握,左手主要配合右手扶正锯弓,不可用力过大。起锯时的角度 $\alpha \approx 10° \sim 15°$。

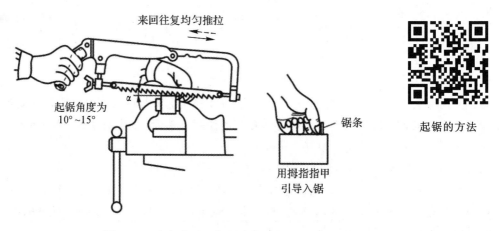

来回往复均匀推拉

起锯角度为
10°~15°

锯条

用拇指指甲
引导入锯

起锯的方法

图 4-22　起锯方法及锯削姿势

(2)起锯方法。起锯是锯削工作的开始,起锯质量的好坏直接影响锯削质量。如果起锯不当,一是锯条易跳出锯缝,常出现将工件拉毛或者引起锯齿崩裂的现象,二是起锯后的锯缝与划线位置不一致,将使锯削尺寸出现较大的偏差。起锯方法有远起锯和近起锯两种。

4.3.3　注意事项

(1)锯削练习时,必须注意工件及锯条的安装是否正确,锯条张紧程度要适当,工件夹持要牢固,并要注意起锯方法和起锯角度的正确,以免刚开始锯削就造成废品和损坏锯条。

(2)初学锯削,不易掌握锯削速度,往往推出速度过快,这样容易使锯条很快磨钝;同时也常会出现摆动姿势不自然、摆动幅度过大等,应注意及时纠正。

(3)要适时注意锯缝的平直情况,及时纠正,保证质量。

(4)在锯削钢件时,可加些机油,以减少锯条与锯削断面的摩擦,机油同时还具有冷却锯条的作用,可以提高锯条的使用寿命。

(5)锯削完毕,应将锯条上张紧的螺母适当放松,但不要拆下锯条,防止锯弓上的零件失散,并将其妥善放好。

(6)工件将锯断时,压力要小,避免压力过大使工件突然断开而手向前冲造成事故。一般工件将锯断时,要用左手扶住工件断开部分,避免掉下砸伤脚。

(7)锯圆管时,为了防止产生崩齿或折断锯条,应在即将被锯穿时将圆管转动一定角度,接着沿原锯缝锯下,如此不断转动,直至锯断。

(8)锯扁钢、型钢或较厚的工件时,应从大面开始锯削,再逐渐过渡到其他部位,力求锯缝整齐、光洁。

(9)锯薄板工件时,可用两块方木将薄板夹住,以增加锯削厚度,防止卡齿、崩齿或卡断锯条;必要时,也可采用斜向锯削的方法操作。

4.4　锉　　削

锉削是指用锉刀从零件表面锉掉多余的金属,使零件达到图样要求的尺寸、形状和表面粗糙度的操作。锉削加工范围包括平面、台阶面、斜面、曲面、沟槽和各种形状的孔等。虽然锉削是一种手工操作,效率低,但因某些工件表面在机床上不易加工或即使能加工却达不到精度要求,仍需要用锉刀加工去完成。锉削可用于成形样板、模具型腔,以及部件和机器装配时的工件修整、配做等,是钳工最基本的操作方法之一。

4.4.1　锉刀

锉刀是锉削的主要工具,锉刀用高碳钢(T12,T13,T12A,T13A)制成,并经淬火加低温回火热处理淬硬至 62～67HRC。

另外,由多把各种形状的特种锉刀所组成的"什锦"锉刀,用于修锉小型零件及模具上难以机械加工的部位。

4.4.2　锉削操作要领

1. 握锉

锉刀的种类较多,规格、大小不一,使用场合也不同,故锉刀握法也应随之改变,如图4-23所示。

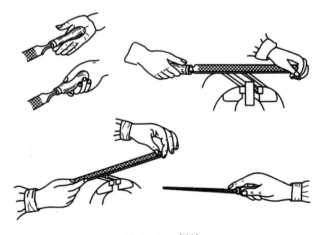

图 4-23　握锉

2.锉削姿势

锉削姿势如图4-23所示,两手握住锉刀放在工件上面,左臂弯曲,小臂与工件锉削面的左右方向保持基本平行,右小臂要与工件锉削面的前后方向基本保持平行,但要自然。锉削人的站立位置与锯削相似,锉削操作时,身体重量放在左脚,右膝要伸直,双脚始终站稳不移动,靠左膝的屈伸而作往复运动。开始时,身体向前倾斜10°左右,右肘尽可能向后收缩。在最初的1/3行程时,身体逐渐前倾至15°左右,左膝稍弯曲。接下来的1/3行程,右肘向前推进,同时身体也逐渐倾至18°左右。最后1/3行程,用右手腕将锉刀推进,身体在锉刀向前推的同时自然后退到15°左右的位置上。锉削行程结束后,把锉刀略提起一些,身体姿势恢复到起始位置,如图4-24所示。

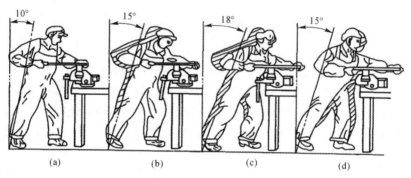

图4-24 锉削姿势

(a)锉削开始; (b)最初1/3行程; (c)接下来1/3行程; (d)最后1/3行程

锉削过程中,两手用力也时刻在变化。开始时,左手压力大推力小,右手压力小推力大。随着推锉过程的进行,左手压力逐渐减小,右手压力逐渐增大。因为锉齿存屑空间有限,对锉刀的总压力不能太大,压力太大只能使锉刀磨损加快;但压力也不能过小,压力过小锉刀容易打滑,达不到切削目的。锉刀回程时不加压力,以减少锉齿的磨损。锉刀往复运动速度一般为30～40次/min,推出时慢,回程时可快些。

4.4.3 锉削方法

1.平面锉削

平面锉削方法有交叉锉法、顺向锉法和推锉法等。平面基本锉平后,可用顺锉法[见图4-25(a)]进行锉削,以降低工件表面粗糙度,并获得整齐一致的锉纹。粗锉时一般用交叉锉法,如图4-25(b)所示。这样不仅锉得快,而且由于锉刀与工件的接触面大,锉刀容易

锉削方法

掌握平稳,同时,从锉痕上可以判断出锉削面的高低情况,便于不断地修正锉削部位。最后可用细锉刀或油光锉刀以推锉法[见图4-25(c)]修光。

2.弧面锉削

外圆弧面一般可采用平锉进行锉削,锉刀要同时完成两个运动:锉刀的前推运动和绕圆弧面中心的转动。前推是完成锉削,转动是保证锉出圆弧面形状。常用的锉削方法有顺锉法和滚锉法两种。顺锉法,锉刀横着圆弧方向锉,可锉成接近圆弧的多棱形(适用于曲面的粗加工)。滚锉法,锉刀向前锉削,右手下压,左手随着上提,使锉刀在零件圆弧上作转动。

内圆弧面锉削时,锉刀要同时完成三个运动,即锉刀的前推运动、锉刀的左右移动和锉刀自身的转动,如缺少任何一项运动都将锉不好内圆弧面。

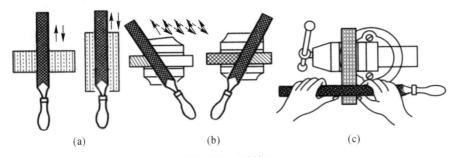

图 4 - 25 锉削加工

(a)顺锉法; (b)交叉锉; (c)推锉法

4.4.4 注意事项

(1)锉刀必须装柄使用,以免锉刀舌刺伤手心。松动的锉刀柄应装紧后再用。

(2)不要用新锉刀锉硬金属、白口铸铁和淬火钢。

(3)对于铸铁上的硬皮和粘砂、锻件上的飞边和毛刺,应先用砂轮磨去或錾去,然后再锉削。

(4)锉削时不要用手抚摸工件表面,以免手上的油渍残留在工件表面,再锉时打滑。

(5)不准用嘴吹锉屑,也不要用手清除铁屑。当锉刀堵塞后,应用钢丝刷顺着挫纹方向刷屑。

(6)锉刀放置时,不应伸出钳工桌台面以外,以免碰落摔断或砸伤人脚。

4.5 錾 削

錾削是用手锤打击金属工件进行切削加工的操作。錾削可加工平面、凿油槽、切断金属及清理铸、锻件上的毛刺等。

錾削工具的用法 錾刀的刃磨和热处理

錾子全长约 125~150 mm,是錾削工件的刀具,用碳素工具钢(T7A 或 T8A)锻打成型后再进行刃磨和淬火而成。钳工常用的錾子主要有平錾、槽錾、油槽錾等,如图 4 - 26 所示。平錾用于錾削平面和錾断金属,它的刃宽约为 10~15 mm,槽錾用于开槽,它的刃宽约为 5 mm,油槽錾用于錾削油槽,它的刃口磨成与油槽形状相符的圆弧形。

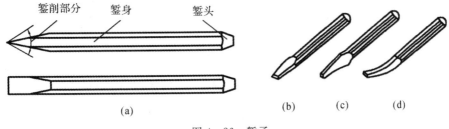

图 4 - 26 錾子

(a)结构; (b)平錾; (c)槽錾; (d)油槽錾

凿子的楔角主要根据加工材料的硬度来决定,錾削较软的金属可取 30°～50°,錾削较硬的金属可取 60°～70°,錾削一般硬度的钢件或铸铁可取 50°～60°。柄部一般做成八菱形,便于控制錾刃方向。头部做成圆锥形,顶端略带球面,使锤击时的作用力易与刃口的錾切方向一致。

4.6 孔 加 工

钳工中常用的孔加工方法有钻孔、扩孔、铰孔等。钻孔、扩孔和铰孔分别属于孔的粗加工、半精加工和精加工。

钻孔的方法

4.6.1 钻孔

用钻头在实体材料上加工孔称为钻孔。在钻床上钻孔时,工件固定不动,钻头旋转作主运动,同时向下作轴向移动完成进给运动。

1. 麻花钻构造

钻头是最常用的孔加工刀具,由高速钢制成,麻花钻结构如图 4-27 所示。

它由柄部、颈部和工作部分三部分组成。柄部是钻头的夹持部分,用来传递钻削运动和钻孔时所需的扭矩。直径不大于 13 mm 的做成直柄,大于 13 mm 的做成锥柄。颈部位于工作部分和柄部之间,它是为磨削钻柄而设的越程槽,也是打标记的地方。麻花钻头的工作部分包括导向部分和切削部分。导向部分的作

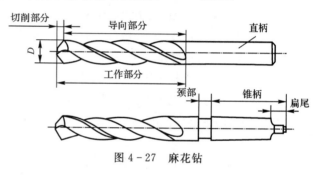

图 4-27 麻花钻

用是引导并保持钻削方向,它有两条对称的螺旋槽,作为输送冷却液和排屑的通道。在钻头外圆柱面上,沿两条螺旋槽的外缘有狭窄的、略带倒锥度的棱带,切削时棱带与工件孔壁相接触,以保持钻孔方向不偏斜,同时又能减小钻头与工件孔壁的摩擦;切削部分的两条主切削刃担负着主要切削工作,两切削刃的夹角为 118°。为了保证钻孔的加工精度,两条切削刃的长度及两切削刃与轴线的交角均应对称相等,否则将使被钻孔的孔径扩大。

2. 钻头的装夹

钻头的装夹方法,因其柄部形状的不同而异。锥柄钻头可以直接装入钻床主轴孔内,较小的钻头可用过渡套筒安装,过渡套有莫氏 1#～5# 五种规格,使用时应根据钻头锥柄规格及钻床主轴内锥孔的锥度来进行合理选择,必要时可用两个以上的钻套作过渡连接;直柄钻头一般用钻夹头安装,钻夹头依靠锥尾上的莫氏外锥面安装在钻床的主轴锥孔内,它的头部有个自定心夹爪,用于夹持直柄钻头,通过紧固扳手可使三个夹爪同步合拢或张开。

钻夹头和过渡套件的拆卸方法:将楔铁带圆弧的边向上插入钻床主轴侧边的锥形孔内,左手握住钻夹头,右手用锤子敲击楔铁卸下钻夹头。

3. 工件的夹持

钻孔中的安全事故,大多是由工件的夹持方法不对造成的。因此,应注意工件的夹持。小件和薄壁零件钻孔,要用手虎钳夹持工件;中等零件钻孔,可用平口钳夹紧;大型和其他不适合

用虎钳夹紧的工件,可直接用压板螺钉固定在钻床工作台上。在圆轴或套筒上钻孔,须把工件压在 V 形铁上钻孔。在成批和大量生产中,钻孔广泛应用钻模夹具。

4.6.2　扩孔

扩孔工具的使用

　　扩孔是用扩孔钻对工件上已有孔进行扩大加工的方法。扩孔钻的结构如图 4-28 所示,与麻花钻相似,但切削部分的顶端是平的,没有钻尖部分,切削刃的数量较多,有 3～4 条螺旋槽,且螺旋槽的深度较浅,钻体粗大结实,切削时不易变形。扩孔时的背吃刀量比钻孔时小得多,因而刀具的结构和切削条件比钻孔好得多。经扩孔加工后,工件孔的精度可提高到 IT10,表面粗糙度值 Ra 达 6.3 μm,因此扩孔并非孔加工的最后一道工序,通常情况下,在扩孔之后,还要进行铰孔加工。

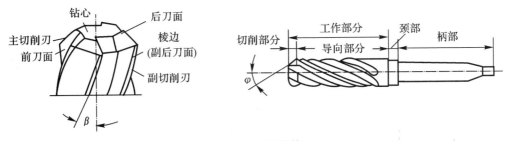

图 4-28　扩孔钻

扩孔的主要特点如下:

(1)切削刃不必自外圆延续到中心,避免了横刃和由横刃所引起的一些不良影响。

(2)扩孔时切屑窄,易排出,不易擦伤已加工表面;同时容屑槽也可做得较小、较浅,从而可以加粗钻心,大大提高扩孔钻的刚度,有利于加大切削用量和改善加工质量。

(3)刀齿多 3～4 个,导向作用好,切削平稳,生产率高。

4.6.3　铰孔

　　铰孔是应用较为普遍的孔的精加工方法之一,一般加工精度可达 IT9～IT7,表面粗糙度 Ra 值为 0.4～1.6 μm。

　　铰刀是孔的精加工刀具,如图 4-29 所示。铰刀分为机铰刀和手铰刀两种,机铰刀为锥柄,手铰刀为直柄。

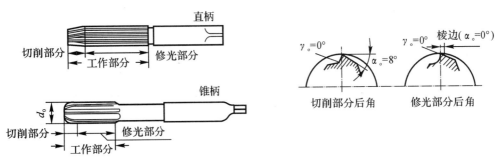

图 4-29　铰刀

4.7 攻螺纹和套螺纹

攻螺纹又称攻丝,是指利用丝锥加工工件内螺纹的操作,攻丝前要打好底孔,并在孔口处倒角。套螺纹是指用板牙加工工件外螺纹的操作。套螺纹前,先确定圆棒的直径,在圆棒的端头开 15°～20° 的斜角,倒角要超过螺牙全深;套螺纹时,板牙的端面应与工件轴线垂直,要稍加压力转动板牙架;当板牙已切入间杆后就不必再施加压力,只要均匀旋转即可。

攻螺纹和套螺纹一般用于加工普通螺纹。攻螺纹和套螺纹所用工具简单,操作方便,但生产率低、精度不高,主要用于单件或小批量的小直径螺纹加工。

4.7.1 攻螺纹的工具和方法

1. 丝锥

丝锥是专门用于攻螺纹的刀具,其结构如图 4-30(a)所示。M4～M20 手用丝锥多为两支一组,称头锥、二锥。每个丝锥的工作部分由切削部分和校准部分组成。切削部分(即不完整的牙齿部分)是切削螺纹的主要部分,其作用是切去孔内螺纹牙间的金属。头锥有 5～7 个不完整的牙齿。二锥有 1～2 个不完整的牙齿,校准部分的作用是修光螺纹和引导丝锥。

攻螺纹

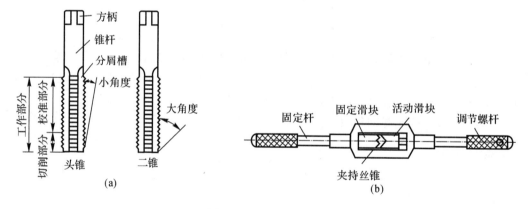

图 4-30 攻螺纹工具
(a)丝锥; (b)铰杠

2. 铰杠

铰杠[见图 4-30(b)]又称扳杠,是用来夹持丝椎和铰刀的工具。其中固定式铰杠常用于 M3 以下的丝锥;可调式铰杠因其方孔尺寸可以调节,能与多种丝锥配用,故应用广泛。

3. 攻螺纹方法

(1)钻螺纹底孔。底孔的直径可直接查找机械手册或按如下经验公式计算。

脆性材料(铸铁、青铜等):

$$D_0 = D - 1.1P$$

式中:D_0—— 钻孔直径,mm;

D—— 螺纹大径,mm;

P—— 螺距,mm。

韧性材料(钢、紫铜等):

$$D_0 = D - P$$

式中:D_0——钻孔直径,mm;

  D——螺纹大径,mm;

  P——螺距,mm。

钻孔深度＝要求的螺纹长度＋0.7D(螺纹大径)

(2)用头锥攻螺纹。开始时,将丝锥垂直放入工件螺纹底孔内,然后一只手扶着丝锥,用铰杠轻压旋入1～2周,用目测或直角尺在两个互相垂直的方向上检查,并及时纠正丝锥,使其与端面保持垂直。当丝锥切入3～4圈后不用施加压力,只需转动即可,每转1～2周应反转1/4周,以使切屑断落。攻钢件或者铝件螺纹时应加专用的润滑油或机油润滑,攻铸铁件可加煤油。攻通孔螺纹只用头锥攻穿即可。

(3)用二锥攻螺纹。先将丝锥放入孔内,用手旋入几周后,再用铰杠转动。旋转铰杠时不需加压。攻盲孔螺纹时,需依次使用头锥、二锥才能攻到所需要的深度。

4.7.2 套螺纹的工具和方法

1.板牙

套螺纹

板牙是加工小直径外螺纹的成形刀具,其结构如图4-31(a)所示。板牙的形状和圆螺母相似,由切削部分、校准部分和排屑孔组成。在靠近螺纹处有排屑孔,以形成切削刃;板牙两端是切削部分,当一端磨损后可换另一端使用;中间部分是校准部分,主要起修光螺纹和导向作用。板牙的外圆柱面上有4个锥坑和一个V形槽。其中两个锥坑的轴线与板牙直径方向一致,作用是通过板牙架上两个紧固螺钉将板牙紧固在板牙架内,以便传递扭矩。

2.板牙架

板牙架又称板牙绞杠,是用来夹持板牙套外螺纹的工具,其结构如图4-31(b)所示。板牙架与板牙配套使用。为了减少板牙架的规格,一定直径范围内的板牙的外径是相等的,当板牙外径与板牙架不配套时,可以加过渡套或使用大一号的板牙架。

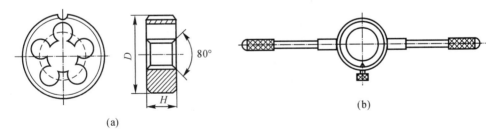

(a)

(b)

图4-31 套螺纹工具

(a)圆板牙; (b)板牙架

3.套螺纹方法

套螺纹方法如图4-32所示,首先必须对工件倒角,以利板牙顺利套入。装夹工件时,工件伸出钳口的长度应稍大于螺纹长度。套螺纹的过程与攻螺纹相似,操作时用力要均匀,开始转动板牙时,稍加压力套入3～4圈,然后只转动不加压,并经常反转以便断屑。

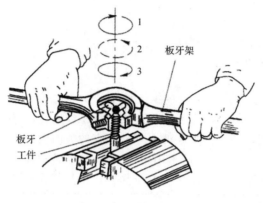

图 4-32 套螺纹方法

4.8 加工实训

4.8.1 基本要求

(1)了解钳工在机械制造及维修中的作用、特点以及各种类型的加工过程。

(2)了解划线、锯割、锉削、扩孔、钻孔、螺纹加工装配等方法。

锤头制作　　　　凹凸体锉配制作

(3)了解钳工的各种工具、量具的使用和测量方法。

(4)正确使用工具、量具,独立完成钳工的各种基本操作。

4.8.2 钳工安全操作规程

(1)锉刀、榔头等工具的手柄应安装牢靠后再使用。

(2)严禁戴手套操作钻床,以免发生安全事故。

(3)操作时锉柄不要碰工件,以免锉刀脱落造成安全事故。

(4)锉刀用完后要放在安全位置,以免转到虎钳把时将锉刀碰掉。

(5)锯条安装时,松紧应调合适,以免操作时发生意外。

(6)手锯锯割零件时,要用力均匀,不能重压或强扭,零件快断时,用力要小而慢,以免锯条折断伤人。

(7)錾子、冲头尾部不准有裂缝、卷边及毛刺,錾切工件时要注意自己和他人不被切屑击伤。

(8)工件必须用虎钳或钻模夹具卡牢,禁止用手握工件,转动和放松虎钳时,要提防手柄打伤手指。

(9)钻床不得随意变速,确需调整时,须经指导教师同意,要做到先停车再调整。

(10)钻孔时,工件必须装在虎钳上,严禁用手握住工件进行钻孔,孔将钻透时,应十分小心,不可用力过猛。

(12)攻丝和铰孔时,用力要均匀、大小适当,以免损坏丝攻和铰刀。

(13)装配时,要注意爱护设备和零件,不得随意敲打和丢弃。

(14)装配过程中所用扳手、螺丝刀等要按规定用力,以防打滑造成事故。

(15)严禁使用棉纱或手直接清除铁屑,应用毛刷清除。

4.8.3　钳工实习过程指导

本次钳工实习为榔头制作,零件图见附录(第 132 页),其钳工训练项目主要包括锯斜面、锉平面、锉圆弧、粗倒角、钻孔、攻螺纹、抛光等,其中部分尺寸有公差要求和加工工艺要求,见附录(第 133—135 页)。钳工实习作为大学生通识教育的一部分,让学生重点了解钳工加工的主要方式和加工范围,培养其良好的学习习惯、学习方法和工程素养,以及认真负责的工作态度。

1. 教具及设备

设备参数见表 4-1。

表 4-1　设备参数

设备名称	型号	行程	主轴转速	最大钻孔直径	使用电压
台式钻床	Z512B	300 mm	480~5 040 r/min	12.8 mm	380 V

所用教具见表 4-2。

表 4-2　教具

量具	刀具		零件毛坯		其他
游标卡尺 0~150 mm	钻头	锉刀	尺寸/mm	种类	零件图
			19×19×101	半成品	加工工艺卡片
测量精度	刀具材料		材料	数量	钳工指导卡片
0.02 mm	高速钢	高碳钢	45♯钢	1	工件评分标准

2. 钳工操作过程指导

钳工操作教学的目的、内容及课时等见表 4-3。

表 4-3　钳工操作教学过程

学时	序号	教学形式	教学内容	教学目的	课时
4 学时	1	教师讲授学生练习	(1)确认教学班级,由组长清点、分配人员到各指导教师处;(2)钳工安全操作规程讲解;(3)领取半成品毛坯工件	提高学生钳工加工的安全意识,要求学生爱护公物,了解钳工操作的基本要求;了解钳工的加工方法以及钳工基本操作方式	8:30—9:15 课间休息 10 分钟
	2	讲授示范学生练习	(1)检测铣工零件成品;(2)涂色;(3)划线工具量具的使用方法;(4)划线操作讲解	能够使用和认读钳工划线工具和量具;熟悉和掌握划线的基本方法和要求	9:25—10:10 课间休息 20 分钟
	3	讲授示范学生练习	(1)按图纸划榔头各尺寸线;(2)讲解锯割操作;(3)学生练习操作	学会通过图纸划各尺寸线;掌握锯割时工件的安装方式,锯条的安装方向、安装方法以及调整松紧的方法,学会锯缝校正方法	10:30—11:15 课间休息 10 分钟 11:25—12:10

续表

学时	序号	教学形式	教学内容	教学目的	课时
4学时	1	讲授示范 学生练习	(1)锉削操作方法讲解;(2)锉削斜面及 $R15$ 圆弧面	了解锉削操作的基本方法和特点,掌握锉刀的使用方法	14:00—14:45 课间休息10分钟 14:55—15:40
	2	讲授示范 学生练习	(1)台式钻床的使用方法和安全规程;(2)工件的安装方法;(3)钻孔加工的讲解;(4)钻M10底孔,孔口倒角	了解台式钻床安全规程,掌握台式钻床的使用方法,掌握孔加工的操作方法和孔口倒角的操作	课间休息10分钟 16:00—17:00 课间休息10分钟
	3	工作收尾	收工量具,清理钻床废屑,打扫钻床及地面卫生	养成良好的工作习惯	17:10—17:45
4学时	1	教师讲授 学生练习	(1)讲解攻螺纹方法和技巧;(2)介绍丝锥和绞杠基本知识和使用方法;(3)攻 M10 螺纹	了解钳工加工螺纹基本方法;掌握丝锥和绞杠使用方法,能独立完成螺纹加工	8:30—9:15 课间休息
	2	讲授示范 学生练习	(1)温习前一天所学的知识技能,熟悉锉削操作方法;(2)讲解四面的修锉方法;(3)修锉四面尺寸至(18.8±0.26) mm	掌握修锉平面的基本方法,学会尺寸的保证方法,能够保证将工件尺寸加工在公差范围之内	9:25—9:50
	3	讲授示范 学生练习	(1)讲解锉削外圆弧 $R3$ mm 和45°倒角的加工方法;(2)用砂布对所有表面进行抛光;(3)所有锐边倒钝 $R0.5$	掌握锉削外圆弧 $R3$ 和45°倒角的加工方法、用砂布对所有表面进行抛光基本方法、锐边倒钝 $R0.5$ 的方法	9:50—10:10 课间休息
	4	学生自测	学生对零件各尺寸按精度要求进行检测		10:30—11:15 课间休息
	5	成绩评定	将工件编号,送测量室检测,并根据评分标准配分		
	6	工作收尾	收工量具,清理钻床废屑,打扫工作台及地面卫生	养成良好的工作习惯	11:25—12:10
	7	工作讲评	互动交流、答疑解惑、布置作业	形成对钳工加工的全面认识	

4.8.4 钳工工件评分标准

钳工工件评分标准见表 4-4。

表 4-4 钳工工件评分标准

序号	名称	尺寸要求/mm	实际尺寸/mm	分值	评分标准
1	正方	18.8±0.26	19.06～18.54	30	两处尺寸,一处超过要求尺寸:-10
2	螺纹	M10	M10 标准螺纹塞规检测	10	通规通过、止规不过,合格

续表

序号	名称	尺寸要求/mm	实际尺寸/mm	分值	评分标准
3	长度	42±0.31	38.06～37.39	4	超差不得分
4	长度	57±0.37	57.37～56.63	2	超差不得分
5	总长度	100±0.43	100.43～99.57	4	超差不得分
6	倒角	$\varnothing 16^{-0.27}_{+0.5}$	16.00～15.73	4	超过要求尺寸：-2
		角度 45°	专用样板检测		不符：-2
7	圆弧	R15	R 规检测	2	不符：-2
8	头部圆弧	R3	R 规检测	2	不符：-2
9	修光	4×R7	R 规检测	4	四个角不符：-1
10	修光	30		4	锉痕、砂痕、刀痕：-2
11	斜方修光	21×21		8	不对称、超尺寸：-3
12	平面度	∅16 平面	刀口尺检测	2	不符过要求尺寸：-2
13	角度	12.76°	专用样板检测	6	不符：-6
14	表面粗糙度	$Ra3.2\ \mu m$	粗糙度比较样块检测	8	锉痕、刀痕：-3
15	尖角倒圆	R0.5		4	不符：-4
16	高度	2±0.1	2.1～1.9	2	不符：-2
17	高度	13±0.2	13.20～12.80	2	不符：-2

思政课堂——钳工胡双钱

　　"工匠精神"是一种努力将 99％ 提高到 99.99％ 的极致精神。哪怕再小的细节，也要全神贯注，全力以赴，只为打造极致的产品和体验。制造强国离不开"工匠精神"的支撑。

　　0.24 mm 小孔，孔径相当于人的头发丝，这个普通的数控车床很难完成的尺寸，在当时却只能依靠老胡的一双手和一台传统的铣钻床，连图纸都没有。打完这样的 36 个孔，胡双钱用了一个多小时。当这场金属"雕花"结束之后，零件一次性通过检验，送去安装。

　　胡双钱是中国商飞大飞机制造首席钳工，人们都称赞他为航空"手艺人"。在 35 年里他加工过数十万个飞机零件，令人称道的是，其中没有出现过一个次品。

　　胡双钱回忆："一个精锻出来的零件要 100 多万元，成本相当高。36 个孔大小不一样，而孔的精度要求达到 0.24 毫米。"

　　C919 宽体客机是中国第一型实用化大型客机，是中国的航空工业挤进世界航空工业前列的敲门砖，也是中国产业升级的一个重要战略支点，是中国成为航空大国的保障，在这架有着数百万个零件的大飞机上，其中 80％ 是我国第一次设计生产的，复杂程度可想而知。

　　航空工业要的就是精细活，大飞机的零件加工精度要求达到十分之一毫米级，对此胡双钱这么描述："这个公差相当于人的头发丝的三分之一。"胡双钱已经在这个车间里工作了 35 年，经他手完成的零件，没有出过一个次品。在中国民用航空生产一线，很少有人能比老胡更有发言权:"有种是角度很小的、直角的零件,刀子伸不进去,要靠手工来修锉。还有一种是很急的零件,数控机床做的话要编程,等不及,如果我们用机加工来做,就有可能在最短的时间里,把这个零件给做出来。"

胡双钱说:"年龄允许的话,我想再干10年、20年,为中国大飞机多做一点贡献,这是最好的,也是我的理想。"

资料来源:中华人民共和国国务院新闻办公室《大国工匠》(2015年6月15日)

最美劳动者——王进喜

王进喜,1923年出生,甘肃省玉门市人。石油会战初期被誉为"铁人",是大庆工人的杰出代表,中国工人阶级的先锋战士。1949年后到玉门钻井队工作,1956年加入中国共产党。

1958年7月,为加快玉门油田的建设,王进喜在全国石油现场会上提出"(钻井进尺)月上千(米),年上万(米),玉门关上立标杆"的奋斗目标。同年9月,他带领1205钻井队创造了月进尺5009米的最新纪录,还摸索出一整套优质快速打井的经验。1959年创年钻井进尺7.1万米的全国最新纪录,1年的进尺相当于旧中国42年钻井进尺的总和。同年王进喜作为1205钻井队代表,出席了全国群英会,参加了新中国成立10周年国庆观礼。

"宁肯少活20年,拼命也要拿下大油田!"这是王进喜不止一次说过的话。他时时刻刻都在实践着自己的誓言。

在大庆油田第一口井完钻后,王进喜指挥放架子时,被钻杆堆滚下的钻杆砸伤了脚,当时昏了过去。醒来后还继续指挥放架子、搬家。领导知道后,硬是把他送进医院,他又从医院跑到第二口井的井场,拄着双拐指挥打井。钻到约700米时,突然发生井喷,井场没有压井用的重晶石粉。经过研究,决定采取加水泥的办法提高泥浆密度压井喷。水泥加进泥浆池就沉底,又没有搅拌器。王进喜扔掉拐杖,奋不顾身地跳进泥浆池,用身体搅拌泥浆。在王进喜的带领下,其他同志纷纷跳入泥浆池,经过全队工人的奋战,终于压住了井喷,保住了钻机和油井。

资料来源:《人民日报》(2021年05月01日07版)

第5章 铣削加工

5.1 铣削概述

铣削加工是指用铣刀在铣床上加工工件的过程。铣削时刀具的旋转运动为主运动,工件的直线移动为进给运动。铣刀是由多个刀刃组合而成的,因此铣削是非连续的切削过程。在现代切削加工中,铣床的工作量仅次于车床,铣削主要用来加工平面及各种沟槽,如图 5-1 所示。加工精度一般可达 IT8~IT7,表面粗糙度 Ra 值可达 $1.6~6.3~\mu m$。

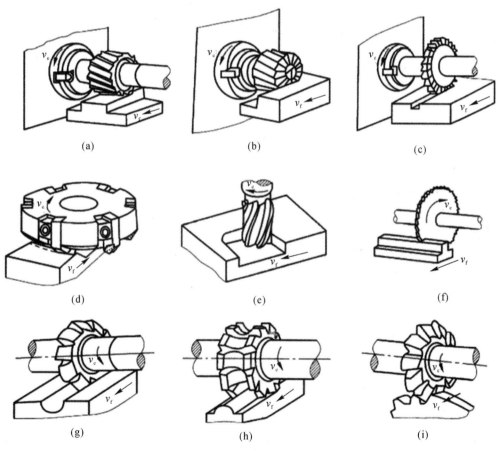

图 5-1 铣削加工

(a)圆柱铣刀铣平面; (b)套式铣刀铣台阶面; (c)三面刃铣刀铣直角槽; (d)端铣刀铣平面;
(e)立铣刀铣凹平面; (f)锯片铣刀切断; (g)凸半圆铣刀铣凹圆弧面; (h)凹半圆铣刀铣凸圆弧槽;
(i)齿轮铣刀铣齿轮;

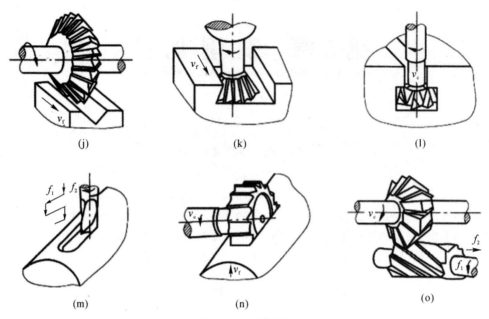

续图 5-1　铣削加工

(j)角度铣刀铣 V 形槽；　(k)燕尾槽铣刀铣燕尾槽；　(l)T 形槽铣刀铣 T 形槽；
(m)键槽铣刀铣键槽；　(n)半圆键槽铣刀铣半圆键槽；　(o)角度铣刀铣螺旋槽

5.2　铣削的基本知识

5.2.1　铣削要素和切削层要素

1.铣削要素

铣削要素是指铣削速度、进给量、铣削深度和铣削宽度等 4 项。

(1)铣削速度(v)是指铣刀最大直径处切削刃的圆周速度，是铣削的主运动，单位为 m/min,则有

$$v = \frac{\pi D n}{1\ 000}$$

式中：D——铣刀直径,mm;

n——铣刀转速,r/min。

在实际生产中,一般是根据刀具的材料和耐用度在切削手册中找出切削速度,然后用公式求出主轴转速。

(2)进给量是指单位时间内工件相对刀具移动的距离,可分为铣刀每转进给量 F、铣刀每齿进给量 a 和每分钟进给量 V_f 三种。若铣刀每分钟的转数为 n,铣刀的齿数为 z,则有

$$V_f = nF = naz$$

式中：V_f——每分钟进给量,mm/min;

F——每转进给量,mm/r;

a——每齿进给量,mm/齿。

（3）铣削深度（a_p）是指平行于铣刀轴线方向测量的切削层尺寸，单位为 mm。切削层是指工件上正被刀刃切削的那层金属。圆周铣削时，a_p 为已加工表面宽度；端铣时，a_p 为切削层的深度。

（4）铣削宽度（a_e）是指垂直于铣刀轴线方向测量的切削层尺寸，单位为 mm。圆周铣削时，a_e 为切削层深度；端铣时，a_e 为已加工表面的宽度。

2. 切削层几何要素

所谓切削层是指工件上相邻两刀齿的切削表面之间所夹的一层金属。确定切削层断面的几何形状的要素有以下几种：

（1）切削厚度（a_0）。　它是相邻两刀齿的切削表面之间的垂直距离，用 a_0 表示，单位为 mm。铣削中切削厚度 a_0 是在不断变化的，这是铣削的一个特点。

（2）切削宽度（b_0）。它是沿铣刀主切削刃长度上的切削层尺寸，也是主切削刃的工作长度，单位为 mm。圆柱直齿圆柱铣刀切下的切削宽度是不变的。

（3）切削面积（A）。　铣刀每一个刀齿的切削面积等于该刀齿的切削厚度和切削宽度的乘积 $A_c = b_0 \cdot a_0$。铣刀的总切削面积 A 等于同时工作刀齿的切削面积总和。

由此可见，平均切削面积 A_{cav} 与铣削用量中的 a, a_p, a_e 及铣刀齿数 z 成正比，而与铣刀直径 d_0 成反比。

5.2.2　铣削用量的选择

合理的铣削用量是由各方面因素决定的。选择时不仅要考虑工件的加工要求以及刀具、夹具和工件材料等因素，而且还要考虑切削速度、进给量、铣削深度三者之间的相互影响。把选出的铣削用量再通过"实践、总结、再实践、再总结"多次循环才能得出合理的铣削用量。选择应遵循以下 3 条原则：

（1）粗铣时，为了提高生产效率，减少进给次数，在保证铣刀有一定的耐用度，并且铣床、夹具、刀具系统刚性足够的条件下，一般首先选用大的切削深度，再选较大的进给量，其他切削用量合理选择。

（2）精铣工件时，因为工件表面质量要求较高，所以选法与粗铣不同。首先选用较大的铣削速度 v，再选较小的进给量 V_f，然后选用适当小的铣削深度 a_p、铣削宽度 a_e 等。

（3）高速铣削是采用硬质合金铣刀，在很高的主轴转速下，也就是用高铣削速度，利用铣削中产生的高温（达 $600 \sim 800$℃），使工件加工表面软化，并充分发挥刀具性能的一种高效率加工方法。这种方法在条件许可下铣削速度可达 $60 \sim 300$ m/min。其他用量的选择要比一般铣削用量高 1 倍。

5.2.3　铣削方式

铣削时，按照铣刀部位的不同可分为周铣和端铣。周铣是用铣刀的周边齿刃进行铣削。一般说来，端铣同时参与切削的刀齿数较多，切削比较平稳，且可用修光刀齿修光已加工表面，刚性较好，切削用量可较大。因此，端铣在生产率和表面质量上均优于周铣，在较大平面的铣削中多使用端铣。周铣常用于平面、台阶、沟槽及成形面的加工。

周铣按铣削旋转方向和工件进给方向的异同可分为顺铣和逆铣。

1. 顺铣和逆铣

铣刀与工件接触处铣刀旋转方向与工件的进给方向相同的为顺铣,反之为逆铣,如图5-2所示。

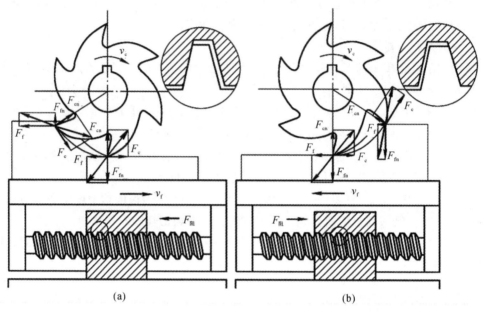

图5-2 顺铣和逆铣

(a)顺铣; (b)逆铣

2. 两种铣削方式的比较

顺铣与逆铣的比较见表5-1。

表5-1 两种铣削方式的比较

项目	逆铣	顺铣	结论
切入切出情况	切屑厚度从0到最大,因刀刃不能刃磨绝对锋利,故开始时不能立即切入工件,存在对工件的挤压与摩擦。工件出现加工硬化,降低表面质量。此外,刀齿磨损快,耐用度降低,但无冲击	铣刀刀刃切入工件初,切屑厚度最大,逐渐减小到0。后刀面与已加工表面挤压、摩擦小,刀刃磨损慢,没有逆铣时的滑行,冷硬程度大为减轻,已加工表面质量较高,刀具寿命也比逆铣高,但刀齿切入时冲击大	顺铣时铣刀寿命比逆铣高2~3倍,加工表面也比较好
工作台丝杠螺母间的接触情况	水平分力 F_f 与工作台进给方向相反,工作台不会窜动	水平分力 F_f 与工作台进给方向相同,当工作台进给丝杠与螺母间隙较大时,工作台易出现轴向串动,导致刀齿折断、刀轴弯曲,工件与夹具产生位移甚至机床损坏	顺铣时,若丝杠螺母间有间隙,则会使工作台串动,进给不均,易打刀

续表

项目	逆铣	顺铣	结论
工件装夹可靠性	垂直分力 F_N 向上,工件需较大的夹紧力,工件在该方向易产生振动,对工件夹紧不利	铣刀对工件作用力 F_c 在垂直方向的分力 F_N 始终向下,对工件起压紧作用,切削平稳,适于不易夹紧或细长薄板形工件	顺铣时工件夹紧比逆铣可靠
刀具磨损情况	刀刃沿已加工表面切入工件,工件的表面硬皮对刀刃影响小	刀刃从工件外表面切入,工件表层硬皮和杂质易使刀具磨损和损坏	顺铣刀具磨损较大

5.3 铣 床

铣床结构　铣床的运动轨迹

铣床的工作范围很广,生产效率较高,是机械加工机床的重要组成部分。利用不同的铣刀可以加工出各种形式的平面、成形面和各种形式的沟槽等。

铣床具有完整的机床系统。按工作台是否升降,铣床分为升降台式铣床和固定台式铣床。前者使用灵活,通用性强,适用于加工复杂的小型件;后者结构刚性好,适用于大型工件的加工。按运动特点,铣床可分为卧式铣床和立式铣床。铣床的种类很多,常用的有以下几种。

5.3.1 卧式万能升降台铣床

卧式万能升降台铣床的主轴是水平布置的,简称卧铣(见图 5-3),其主要组成部分和作用如下:

(1)床身。床身支承并连接各部件,其顶面水平导轨支承横梁,前侧导轨供升降台移动之用。床身内装有主轴和主运动变速系统及润滑系统。

(2)横梁。它可在床身顶部导轨前后移动,支架安装其上,用来支撑铣刀杆。

(3)主轴。主轴是空心的,前端有锥孔,用以安装铣刀杆和刀具。

(4)转台。转台位于纵向工作台和横向工作台之间,下面用螺钉与横向工作台相连,松开螺钉可使转台带动纵向工作台在水平面内回转一定角度(左右最大可转过45°)。

(5)纵向工作台。纵向工作台由纵向丝杠带动,在转台的导轨上作纵向移动,以带动台面上的工件作纵向进给。台面上的 T 形槽用以安装夹具或工件。

(6)横向工作台。横向工作台位于升降台上面的水平导轨上,可带动纵向工作台一起作横向进给。

(7)升降台。升降台可沿床身导轨作垂直移动,调整工作台至铣刀的距离。

机床型号含义如下:

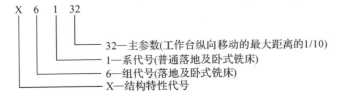

32—主参数(工作台纵向移动的最大距离的1/10)
1—系代号(普通落地及卧式铣床)
6—组代号(落地及卧式铣床)
X—结构特性代号

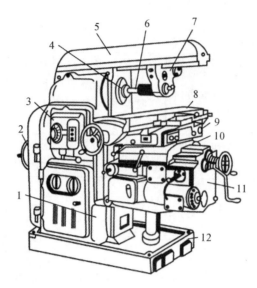

1—床身； 2—电动机； 3—变速机构； 4—主轴； 5—横梁； 6—刀杆；
7—刀杆支架； 8—纵向工作台； 9—转台； 10—横向工作台； 11—升降台； 12—底座

图 5-3 X6132 卧式万能升降台铣床

5.3.2 立式升降台铣床

图 5-4 所示为一立式升降台铣床外观图,它的主轴垂直于工作台,根据加工需要可将主轴左右旋转一定的角度,用于铣削斜面。立式铣床前上部有一个立铣头,其作用是安装主轴和铣刀；立式升降台铣床是一种生产率比较高的机床,可以利用立铣刀或端铣刀加工平面、台阶、斜面和沟槽,还可以加工内外圆弧、T形槽及凸轮等。

全景 VR

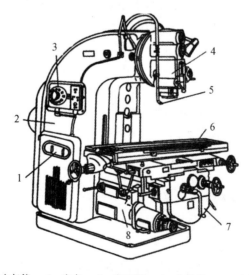

1—电气箱； 2—床身； 3—变速箱； 4—主轴箱； 5—冷却管；
6—升降台； 7—进给箱； 8—进给变速柄和盘

图 5-4 立式升降台铣床

5.3.3　龙门铣床

龙门铣床如图 5-5 所示,属于大型铣床。其铣削动力机构安装在龙门导轨上,可作横向和升降运动。工作台安装在固定床身上,只能作纵向移动,适宜加工大型工件。

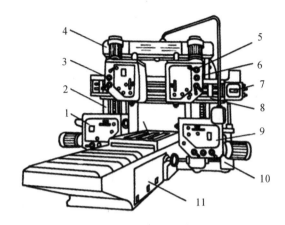

1—水平铣头；　2—立柱；　3—垂直铣头；　4—连接梁；　5—垂直铣头；
6—立柱；　7—进给箱；　8—横梁；　9—水平铣头；　10—变速箱；　11—床身

图 5-5　龙门铣床

5.4　铣刀及安装方法

由于铣床的主运动是铣刀的旋转运动,因此铣刀一般为回转体。常用铣刀的形状如图 5-6 所示。铣刀是一种多刃刀具,在铣削时,铣刀每个刀刃不像车刀和钻头那样连续地进行切削,而是每转中只参加一次切削,其余大部分时间处于停歇状态,因此有利于散热。铣刀在切削过程中是多刃进行切削,故生产效率高。

5.4.1　铣刀的分类

铣刀分类方法如下。

1.按铣刀切削部分的材料分类

(1)高速钢铣刀。这类铣刀有整体的和镶齿的两种。一般形状比较复杂的铣刀,大多用高速钢制造。尺寸较小的铣刀做成整体的,较大的铣刀做成镶齿的。

铣刀的结构

(2)硬质合金铣刀。这类铣刀大都不是整体的,硬质合金刀片以焊接或机械夹固的方式镶嵌在铣刀刀体上。

2.按铣刀的用途分类

(1)圆柱铣刀仅在圆柱表面上有切削刃,主要用于在卧式升降台铣床上加工中小型平面,如图 5-6(a)所示。

(2)端铣刀主要用于铣削平面,简称飞面,如图 5-6(b)所示。

（3）三面刃铣刀用于铣削小台阶面、直槽以及较窄的侧面等，如图5-6(c)(d)所示。

（4）立铣刀用于加工沟槽、小平面和小台阶面等，有直柄和锥柄两种，直柄铣刀的直径较小，一般小于20 mm，锥柄铣刀直径较大，如图5-6(e)所示。

（5）键槽铣刀用于加工封闭式键槽，如图5-6(f)所示。

（6）T形槽铣刀用于加工专门的T形槽，如图5-6(g)所示。

（7）角度铣刀属于成形铣刀，用于加工各种角度槽和斜面，如图5-6(h)所示。

（8）半圆弧铣刀属于成形铣刀，用于铣削圆弧面，如图5-6(i)(j)所示。

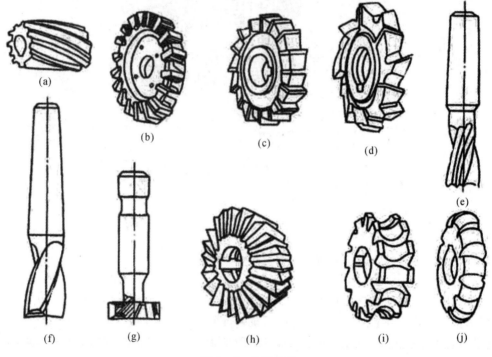

(a)　(b)　(c)　(d)　(e)

(f)　(g)　(h)　(i)　(j)

图5-6　常用铣刀

(a)圆柱铣刀；　(b)端铣刀；　(c)(d)三面刃圆盘铣刀；　(e)立铣刀；

(f)键槽铣刀；　(g)T形槽铣刀；　(h)角度铣刀；　(i)(j)半圆弧铣刀

5.4.2　铣刀的安装

1.带孔铣刀的安装

（1）带孔铣刀中的圆柱形、圆盘形铣刀多用长刀杆安装，如图5-7所示。安装带孔铣刀时应先按铣刀内孔选择相应刀杆，再将刀杆锥柄塞入主轴锥孔，在刀杆上套入定位套和铣刀，收紧拉杆使刀杆锥面和锥孔紧密配合。

铣刀的安装方法

（2）带孔铣刀中的端铣刀，多用短刀杆安装，如图5-8所示。

2.带柄铣刀的安装

立铣刀、键槽铣刀和T形槽铣刀都是带柄铣刀，按柄部结构的不同可分为直柄铣刀和锥柄铣刀，其安装方法如下：

(1)直柄立铣刀的安装。这类铣刀多为小直径铣刀,一般不超过 20 mm,多用弹簧夹套进行安装,如图 5-9 所示。

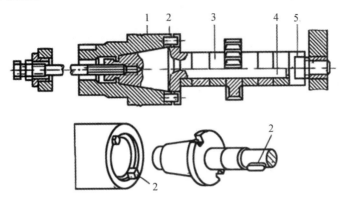

1—主轴；　2—键；　3—套筒；　4—刀轴；　5—螺母

图 5-7　用长刀杆安装铣刀

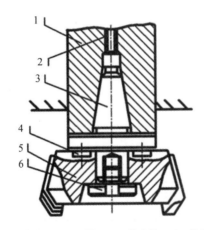

1—主轴；　2—拉杆；　3—心轴；　4—传动键；　5—铣刀；　6—螺钉

图 5-8　用短刀杆安装铣刀

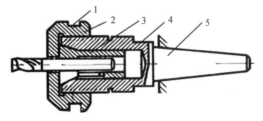

1—六方；　2—螺母；　3—弹簧夹套；　4—铣扁；　5—锥柄

图 5-9　用弹簧夹套安装直柄铣刀

(2)锥柄立铣刀的安装。当锥柄铣刀柄部锥度与铣床主轴锥孔锥度相同时,可直接安装在主轴锥孔内,如图 5-10 所示。当柄部锥度与铣床主轴锥孔锥度不同时,可用过渡套安装。安装锥柄铣刀时应用螺杆拉紧。

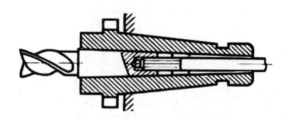

图 5-10　锥柄铣刀的安装

5.4.3　铣刀在安装中应注意的问题

（1）安装前要把刀杆、固定环和铣刀擦拭干净，防止污物影响刀具安装精度。装卸铣刀时，不能随意敲打；安装固定环时，不能互相撞击。

（2）在不影响加工的情况下，尽量使铣刀靠近主轴轴承，使吊架尽量靠近铣刀，以提高刀杆的刚度。安装铣刀时，应使铣刀旋转方向与刀齿切削刃方向一致。安装螺旋齿铣刀时，应使铣削时产生的轴向分力指向床身。

（3）铣刀装好后，先把吊架装好，再紧固螺母，压紧铣刀，防止刀杆弯曲。

（4）安装铣刀后，缓慢转动主轴，检查铣刀径向跳动量。如果径向跳动量过大，应检查刀杆与主轴、刀杆与铣刀、固定环与铣刀之间结合是否良好，如发现问题，应加以修复。最后，还要检查各紧固螺母是否紧固。

5.5　铣床附件及工件的安装

5.5.1　铣床的主要附件

1. 万能铣头

万能铣头装在卧式铣床上，不仅能完成各种立铣的工作，而且还可以根据铣削的需要，将铣头主轴扳转成任意角度。其底座用 4 个螺栓固定在铣床垂直导轨上，如图 5-11 所示。铣床主轴的运动可以通过铣头内的两对齿数相同的锥齿轮传递到铣头主轴，因此铣头主轴的转速级数与铣床的转速级数相同。

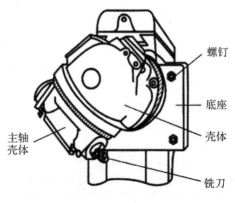

图 5-11　万能铣头

2.回转工作台

回转工作台又称为转盘或圆工作台、平分盘等,它分为手动进给和机动进给两种,其主要功用是大工件的分度及铣削带圆弧曲线的外表面和有圆弧沟槽的工件。手动回转工作台如图5-12所示,它的内部有一套蜗杆、蜗轮和摇动手轮,通过蜗杆轴,就能直接带动与转台相连接的蜗轮传动。

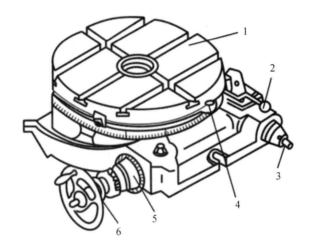

1—回转台; 2—手柄; 3—传动轴; 4—挡铁; 5—刻度盘; 6—手柄

图 5-12 回转工作台

转台面上有 0°～360°刻度,可用来观察和确定转台的位置。拧紧固定螺钉,转台就固定不动。转台中央有一基准孔,利用它可以方便地确定工件的回转中心。铣圆弧槽时,工件装夹在回转工作台上,铣刀旋转,用手均匀缓慢地摇动回转工作台从而在工件上铣出圆弧槽,如图5-13 所示。

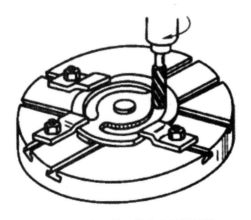

图 5-13 在回转工作台上铣圆弧槽

3.分度头

在铣削加工具有均布、等分要求的工件(如螺栓六方头、齿轮、花键槽)时,工件每加工一个面或一个槽之后必须转过一个角度,才能接着加工下一个部位。这种将工件周期性地转动一定角度的工作,称为分度。分度头就是用于进行精密分度的装置,生产中最常见的是万能分度头。万能分度头是铣床的重要附件,其主要功用是在水平、垂直和倾斜等任何位置对工件进行精密分度。如果配搭挂轮,万能分度头还可以配合工作台的移动使工件连续旋转,完成铣削螺旋槽或铣削加工凸轮等工作。

(1)构造。常用的万能分度头如图5-14所示。主轴9是空心的,两端均为锥孔。前锥孔可装入顶尖,后锥孔可装入心轴,以便在差动分度时挂交换齿轮,把主轴的运动传给交换齿轮轴5,带动分度盘3旋转。主轴可随回转体8在分度头基座10的环形导槽内转动。因此,主轴除安装成水平位置外,还能扳成倾斜位置。扳动前应松开螺母4,之后再拧紧。

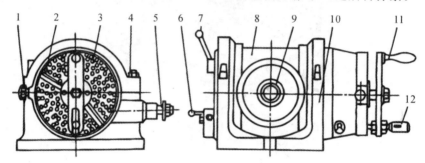

1—分度盘固定螺母; 2—分度叉; 3—分度盘; 4—螺母; 5—交换齿轮轴; 6—螺杆脱落手柄;
7—主轴锁紧手柄; 8—回转体; 9—主轴; 10—基座; 11—分度手柄; 12—定位销

图5-14 万能分度头外形

分度时可转动分度手柄,通过蜗杆和蜗轮带动分度头主轴旋转进行分度。分度头中蜗杆和蜗轮的传动比为

$$i=蜗杆的头数/蜗轮的齿数=1/40$$

即当手柄通过一对直齿轮(传动比为1∶1)带动蜗杆转动一周时,蜗轮只能带动主轴转过1/40周。若零件在整个圆周上的分度数目 z 为已知,则每分一个等份就要求分度头主轴转过 $1/z$ 圈。半分度手柄所需转数为 n 圈时,则有

$$1∶40=\frac{1}{z}∶n$$

$$n=\frac{40}{z}$$

分度时,如果求出的手柄转数不是整数,可利用分度盘上的等分孔距来确定。一般备有两块分度盘,分度盘的两面各钻有不通的许多圈孔,各圈孔数均不相等,然而同一孔圈上的孔距是相等的。分度盘上孔圈孔数是:正面24,25,28,30,34,37,38,39,41,42,43;反面46,47,49,51,53,54,57,58,59,62,66。转动手柄分度前,应拔出定位销,分度完毕再插入预定的孔内,这样可精确地控制手柄的转数或转角大小。

(2)万能分度头的功用。万能分度头可进行任意等分的分度;可以使工件轴线处于水平、垂直或倾斜位置;通过交换齿轮,可以使工件在纵向进给时作连续旋转铣削螺旋面;分度头还可以用于划线或检验。

(3)分度头的使用和维护。分度头是铣床的精密附件,必须正确使用和维护才能保证精度并延长寿命。分度头的使用和维护应注意以下几个方面:分度前松开主轴紧固手柄,分度完毕

后应及时拧紧,只有在铣削螺旋面时,主轴作连续转动才不用紧固;当进行分度时,在一般情况下,分度手柄沿顺时针方向转动,转动时速度要均匀,若过了预定位置,应反转半圈以上,再按原方向转到规定位置;分度时,定位销慢慢插入孔内,切勿让定位销自动弹入;安装分度头时不得随意敲打,要经常保持其清洁并做好润滑工作,存放时应对外露的加工表面涂防锈油。

工件的装夹与找正

5.5.2 铣床工件的安装方法

铣床常用的工件安装方法有平口钳安装、压板螺栓安装[见图 5-15(a)]、V 形铁安装和分度头安装[见图 5-15(b)～(d)]等。

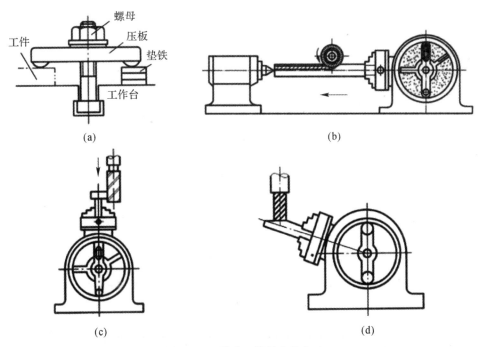

图 5-15 铣床工件的安装方法

(a)用压板、螺钉安装工件; (b)用分度头安装工件;
(c)分度头卡盘在垂直位置安装工件; (d)分度头卡盘在倾斜位置安装工件

分度头多用于安装有分度要求的工件。它既可用分度头卡盘(或顶尖)与尾座顶尖一起使用,也可只使用分度头卡盘安装工件。由于分度头的主轴可以在垂直平面内扳转,所以可利用分度头把工件安装成水平、垂直及倾斜位置。当零件的生产批量较大时,可采用专用夹具或组合夹具安装工件。这样既能提高生产率,又能保证产品质量。

5.6 铣削的应用

5.6.1 铣平面

平面是工件加工面中最常见的,铣削在平面加工中具有较高的加工质量和效率,是平面的

台阶的铣削

主要加工方法之一。按照工件平面的位置可分为水平面(简称平面)、垂直面、平行面、斜面和台阶面。常选用圆柱铣刀、三面刃铣刀和端铣刀在卧式铣床或立式铣床上铣削。

1.用圆柱铣刀铣削平面

加工前,首先认真阅读零件图样,了解工件的材料、铣削加工要求,并检查毛坯尺寸,然后确定铣削步骤。铣平面的步骤如下:

(1)选择和安装铣刀。铣削平面时,多选用螺旋齿圆柱高速钢铣刀。铣刀宽度应大于工件宽度。根据铣刀内孔直径选择适当的长刀杆,把铣刀安装好。

(2)装夹工件。工件可以在普通平口台虎钳上或工作台面上直接装夹平面,还可以用 V 形铁装夹。

(3)合理地选择铣削用量。

(4)调整工作台纵向自动停止挡铁,把工作台前面 T 形槽内的两块挡铁固定在与工作行程起止相应的位置,可实现工作台自动停止进给。

(5)开始铣削。铣削平面时,应根据工件加工要求和余量大小分成粗铣和精铣两阶段进行。

铣削时应注意以下几方面:

(1)铣削前应检查铣刀安装、工件装夹、机床调整等是否正确,特别要注意观察:圆柱铣刀的旋向是否使刀刃从前面切入;当用斜齿圆柱铣刀时,刀具受到的轴向分力是否指向主轴。如有问题应及时调整。

(2)测量工件尺寸时务必使铣刀停止旋转,必要时,还需使工件退离铣刀,以免铣刀划伤量具。

(3)铣削过程中不能停止工作台进给,而使铣刀在工件某处旋转,否则会发生"啃刀"现象。

(4)铣削过程中,不使用的进给机构应及时锁紧,工作完毕后及时松开。

2.用端铣刀铣削平面

用端铣刀铣削平面可以在卧式铣床上进行,铣削出的平面与工作台台面垂直,常用压板将工件直接压紧在工作台上,如图 5－16 所示。

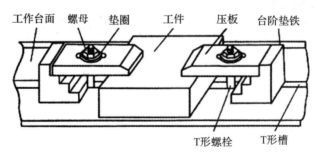

图 5－16　压板安装工件

当铣削尺寸小的工件时,也可以用台虎钳。在立式铣床上用端铣刀铣削平面,铣出的平面与工作台台面平行,工件多用台虎钳装夹,如图 5－17 所示。

为了避免接刀,铣刀外径应比工件被加工面宽度大一些。铣削时,铣刀轴线应垂直于工作台进给方向,否则加工就会出现凹面。因此,应将卧式万能铣床的回转台扳到零位,将立式铣床的立铣头(可转动的)扳到零位。当对加工精度要求较高时,还应精确调整,调整方向如图 5－18 所示。将百分表用磁力架固定在立铣头主轴上,上升工作台使百分表测量头压在工作台面上,记下指示读数,用手扳动主轴使百分表转过180°,如果指示读数不变,立铣头主轴中心线即与工作台进给方向垂直。在卧式铣床上的调整与此类似。

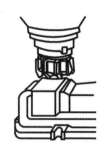
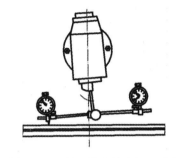

图 5-17 台虎钳安装工件　　　　图 5-18 用百分表精确调整零位

5.6.2 铣斜面

有斜面的工件很常见,铣削斜面的方法很多,常用的几种方法如图 5-19 所示。

(1)使用倾斜垫铁铣斜面。在零件基准的下面垫一块倾斜的垫铁,则铣出的平面就与基准面倾斜。改变倾斜垫铁的角度,即可加工出不同角度的斜面,如图 5-19(a)所示。

(2)用万能铣头铣斜面。由于万能铣头可方便地改变刀轴的空间位置,通过扳转铣头使刀具相对工件倾斜一个角度便可铣出所需的斜面,如图 5-19(b)所示。

(3)用角度铣刀铣斜面。较小的斜面可用合适的角度铣刀铣削,如图 5-19(c)所示。

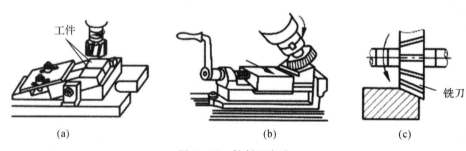

(a)　　　　　　　　(b)　　　　　　　　(c)

图 5-19 铣斜面方法

(4)利用分度头铣斜面。在一些圆柱形和特殊形状的零件上加工斜面时,可利用分度头将工件转成所需角度铣出斜面。当加工零件批量较大时,常采用专用夹具铣斜面。

5.6.3 铣沟槽

钻孔

槽类零件的加工是铣削工艺的主要内容之一。铣床上能加工的槽的种类很多,如键槽、花键槽、各类直角沟槽、角度槽、T 形槽、燕尾槽等。这些沟槽是利用不同的铣刀(如键槽铣刀、圆盘铣刀、T 形槽铣刀和角度铣刀)等加工的。

以铣键槽为例,轴上短槽有通槽、半通槽和封闭槽等。铣削轴上通槽和槽底一端为圆弧的半通槽时,一般用三面刃铣刀或盘形槽铣刀。铣刀的厚度应与槽的宽度相等或略小。对于要求严格的工件,应采用铣削试件的方法来确定铣刀的厚度。通槽也可以用键槽铣刀铣削,但其效率不及三面刃铣刀高。铣半通槽所选铣刀的半径应与图样上槽底圆弧半径一致。

铣削轴上的封闭槽和槽底一端为直角的半通槽时，应选用键槽铣刀，铣刀直径应与槽的宽度一致。当槽宽尺寸精度要求较高时，需经铣削试件检验后确定铣刀。

用立铣刀铣封闭键槽时，需先用钻头钻出落刀孔，然后再用立铣刀纵向进给在工件与铣全槽，落刀孔的钻头直径应略小于槽宽。

5.6.4 铣断

工件的切断方法很多，在铣床上切断是常用的方法之一。其特点是切口质量好，生产效率较高。在铣床上切断常用锯片铣刀，它没有端面刀刃。为了减少铣刀端面与工件切口间的摩擦，铣刀两端面磨有很小的副偏角（15′～50′）。在选择铣刀时应注意外径和宽度要适当：若铣刀外径选得太大，会增加切入和切出的距离，影响生产率，并且会使铣刀的端面跳动增大；若外径过小则无法切断工件，一般以能够切断工件为宜。铣刀宽度选得过大，会增大切口，浪费材料；过小则铣刀强度减弱，容易损坏。

5.7 铣削加工质量分析

铣削加工的质量分析见表 5-2 和表 5-3。

表 5-2 切削平面的质量分析

质量问题	产生原因
表面不光洁，有明显波纹或表面粗糙，有切痕、拉毛现象	①进给量过大； ②铣削进给时，中途停顿，产生"深啃"； ③铣刀安装不好，跳动过大，使铣削不平稳； ④铣刀已磨损
平面不平整，出现凹下和凸起	①机床精度差或调整不当； ②端铣时主轴与进给方向不垂直； ③圆柱铣刀圆柱度不好

表 5-3 铣削键槽的质量分析

质量问题	产生原因
槽的宽度尺寸不对	①键槽铣刀装夹不好，与主轴的同轴度差； ②铣刀已磨损； ③刀轴弯曲
槽底与工件的轴线不平行	①工件装夹位置不准确，工件轴心线与工作台平面不平行； ②铣刀装夹不牢固或铣削用量过大时，铣刀被铣削力拉下
键槽对称性不好	对刀不仔细，偏差过大
封闭槽长度尺寸不对	①工作台自动进给关闭不及时； ②纵向工作台移动距离不对

5.8 加 工 实 训

5.8.1 基本要求

(1)了解铣削加工的基本知识;

(2)了解铣削加工的特点及主要运动;

(3)了解铣床的调整方法和传动原理;

(4)了解铣削加工所有刀具的结构特点、装夹方式;

(5)了解铣床常用附件的功能;

(6)熟悉零件在机床用平口虎钳中的装夹及校正方法;

(7)熟悉卧式万能铣床主要组成部分的名称、运动及其作用;

(8)掌握在卧式铣床、立式铣床上加工水平面、垂直面和沟槽的操作。

5.8.2 铣床操作安全规程

(1)开机前检查手柄位置,给滑动部分及油孔加润滑油。

(2)工作前应使机床低速转 5~10 min,再进行切削工作。

(3)操作机床时严禁戴手套。

(4)观察刀具运转方向与工作台进给方向是否正确。

(5)一般情况下,只用逆铣而不用顺铣。

(6)学生单独操作时,不得擅自改变切削用量和使用快速进给。

(7)铣削齿轮时,必须等铣刀完全离开工件后,方可转动分度手柄。

(8)铣床自动走刀手柄要调整准确,不得任意松动。

(9)拆卸刀具时,禁止使用锤头直接猛敲铣头和主轴尾端。

(10)自动走刀时,工作台各挡块应调至适当位置,避免损坏机床。

(11)安装和拆卸铣刀时,必须把锥面及锥孔擦拭干净,禁止用虎钳手柄装卸刀杆。

(12)安装虎钳、分度头、圆转台等配件时,要把地面擦拭干净,再放到工作台上。

(13)严禁工件毛面直接与工作台接触,必要时可加垫铁。

(14)铣刀用钝后,不应继续使用,应及时卸下刃磨。

(15)使用虎钳时,禁止使用锤头敲打虎钳手柄。

(16)务必在机床停稳后,再测量工件、装卸工件、检查工具。

(17)下班时,必须清点工具,打扫干净实习场地,做到文明实习。

5.8.3 铣削实习过程指导

本次铣削实习为榔头头部的制作,零件图见附录(第 136 页),其铣削训练项目主要包括铣轮廓、铣端面、铣圆弧、铣平面、铣倒角等,其中部分尺寸有公差要求和加工工艺,见附录(第137、138 页)要求。铣削实习作为大学生通识教育的一部分,目的在于让学生重点了解铣削加工的主要方式和加工范围,培养其良好的学习习惯和工程素养,以及认真负责的学习态度。

1.教具及设备

设备参数见表 5-4。

表 5-4　设备参数

设备名称	型号	行程	主轴转速	最大移动距离	使用电压
仪表铣床	X8130A	300×1 000 mm	25～1 500 r/min	300 mm	380 V

所用教具见表 5-5。

表 5-5　教具

量具	刀具		零件毛坯		其他
游标卡尺	种类	规格/mm	尺寸/mm	种类	零件图
0～150 mm	三刃铣刀	φ12×30×70	φ28×105	圆棒料	加工工艺卡片
测量精度	刀具材料		材料	数量	铣削指导卡片
0.02 mm	高速钢		45♯钢	1	工件评分标准

2.铣削操作过程指导

铣削操作过程见表 5-6。

表 5-6　铣削操作过程

学时	序号	教学形式	教学内容	教学目的	课时
半天	1	教师讲授学生练习	(1)确认教学班级,由组长清点、分配人员到各指导教师处;(2)铣削安全操作规程讲解;(3)铣床初步认知;(4)X8130A 万能铣床的组成和结构	提高学生铣削加工的安全意识,要求学生爱护公物,了解铣床的加工范围;掌握 X8130A 万能铣床的组成和结构	8:30—9:15 课间休息
	2	讲授示范学生练习	(1)各按钮、手柄的操作方法;(2)空车练习;(3)分发毛坯料,工件安装;(4)工件的安装方法	能够独立地完成毛坯料及工件的安装;熟悉铣床各手柄的功能并操作	9:25—10:10 课间休息
	3	讲授示范学生练习	(1)讲解铣床加工方法;(2)讲解切削用量,认读卡尺;(3)讲解对刀方法;(4)加工零件第一面;(5)自动走刀	增强各手柄的操作手感;能够独立完成对刀、铣平面、消除间隙等;能正确使用工量具,完成第一个面的加工	10:30—11:15 课间休息 11:25—12:10

续表

学时	序号	教学形式	教学内容	教学目的	课时
半天	1	学生练习	(1)其余三面铣削加工,尺寸铣至(19±0.16)mm 见方;(2)保证表面粗糙度 $Ra3.2\ \mu m$;(3)锐角倒钝	了解铣床的加工范围和端铣周铣的方法特点、顺铣逆铣的优点与不足,掌握端铣平面的基本方法和关键技能	14:00—14:45 课间休息 14:55—15:40 课间休息 16:00—17:00
	2	工作收尾	收工量具,清理铣床废屑,打扫铣床及地面卫生	养成良好的工作习惯	17:10—17:40
半天	1	教师讲授学生练习	(1)温习前一天所学的知识技能,熟悉机床的操作方法;(2)铣榔头的一个端面作为基准面,去毛刺;(3)讲解如何通过调整切削量保证表面质量	学会铣床基准的寻找方法;学会通过调整不同的切削用量保证表面粗糙度;掌握去毛刺的方法和技巧	8:30—9:15 课间休息
	2	讲授示范学生练习	(1)涂色,划倒角线 30 mm 长;(2)讲解倒角;(3)铣倒角	掌握划线的基本方法;掌握倒角铣削方法和基本技能	9:25—9:50
	3	讲授示范学生练习	铣倒角,保证尺寸(21×21$^{+0.3}_{0}$)mm 位置度 0.3 mm,表面粗糙度 $Ra3.2$ mm,倒角长度(30±0.3)mm,锐角倒钝	掌握周铣倒角的基本方法,了解顺铣、逆铣之后的表面质量和工件精度	9:50—10:10 课间休息
半天	4	学生练习	(1)讲解铣削保证总长的方法;(2)铣工件的总长	掌握铣削工件总长的方法	10:30—11:15 课间休息
	5	成绩评定	将工件送测量室检测,并根据评分标准评分		11:25—12:10
	6	工作收尾	收工量具,清理铣床废屑,打扫铣床及地面卫生	养成良好的工作习惯	
	7	工作讲评	互动交流、答疑解惑、布置作业	形成对铣削加工的全面认识	

5.8.4 铣削工件评分标准

铣削工件评分标准见表 5-7。

表 5-7 铣削工件评分标准

序号	名称	尺寸要求/mm	分值	备注
1	总长度	101$^{0}_{-0.5}$	10	不合格:-10
2	正方	19±0.16	20	两处,一处不合格:-10

续表

序号	名称	尺寸要求/mm	分值	备注
3	倒角	$21_0^{+0.3}$	20	两处，一处不合格：-10
4	倒角长	30 ± 0.3	20	四处，一处不合格：-5
5	粗糙度	$Ra6.3\ \mu m$	15	比较样块，碰伤、夹伤、毛刺：-5
6	位置度	0.3	5	不合格：-5
7	垂直度	0.2	5	不合格：-5
8	平行度	0.2	5	不合格：-5

思政课堂——国家战略重器数控机床

数控机床是数字控制机床的简称，它是通过改善原有普通机床的传动方式，加装数控设备（如数控系统、伺服电机、监测装置等），使用计算机技术实现对机床的自动化控制的一种机床。其具有高精度、半智能化、生产效率高、劳动强度低等特点。数控机床较好地解决了复杂、精密、小批量、多品种的零件加工问题，是一种柔性的、高效能的自动化机床，代表了现代机床控制技术的发展方向，是一种典型的机电一体化产品。

数控机床属于国民经济重要的基础装备，覆盖制造业和修理业，是关系到国家战略地位和体现国家综合国力的重器，其制造水平和拥有数量是衡量一个国家工业现代化程度的重要标志，在国防建设上更是具有战略意义的重要基础。对于被誉为"工业皇冠上的明珠"的航空发动机而言，高端机床更是必备硬件。

与发达国家相比，我国机床行业起步晚，发展时间较短，技术相对落后。我国机床产业规模虽然位居世界首位，但却面临着产业结构不合理、自主创新能力不足等多项挑战。数控机床作为国防军工的战略装备，是各种武器装备重要的制造手段，是国防军工装备现代化的重要保证。但是从目前来看，我国数控机床发展相对缓慢，且以中低端为主，高端数控机床80%需要依赖进口；新产品开发能力和制造周期还满足不了国内用户需要，零部件制造精度和整机精度的保持性、可靠性尚需改善。

目前国家已经在高端光刻机和芯片技术方面被"卡脖子"，还有更值得警惕的20世纪发生的"东芝事件"。1983年早春，海运公司的"老共产党员"号万吨货轮从日本芝浦码头出发，运走了数十箱物品。接下来的日子，美国慌了，苏联大批潜艇从美国花费数十亿美元的反潜网络中消失得无影无踪。导致美国花费巨资打造的反潜网络失灵的就是日本东芝出售给苏联的四台五轴联动的数控机床。这次事件的后果就是美国海军第一次丧失对苏联海军舰艇的水声探测优势。直到今天，美国海军仍没有绝对把握发现俄罗斯的静音潜艇。从这件事情上就能看出高端数控机床对国家战略安全和武器性能提升的重要作用。现在，我国的国防装备正处在更新换代的快速发展阶段，机床可以说是现代制造的基础，没有机床的支撑，现代制造寸步难行。

习近平同志强调,党和国家事业发展对高等教育的需要,对科学知识和优秀人才的需要,比以往任何时候都更为迫切。我们要建设的世界一流大学是中国特色社会主义的一流大学,我国社会主义教育就是要培养德、智、体、美劳全面发展的社会主义建设者和接班人。中国教育是能够培养出大师来的。中国当代青年要在学科领域中脚踏实地、实学实干,担起青年一代的责任和使命,着眼学术前沿和国家重大需求,为解决制约我国各行业发展的"卡脖子"问题贡献自己的力量。

最美劳动者——邓稼先

邓稼先,1924 年出生于安徽怀宁县一个书香门第。抱着学更多的本领建设新中国之志,他于 1947 年通过了赴美研究生考试,翌年秋进入美国印第安纳州的普渡大学研究生院。他学习成绩突出,不足两年便读满学分,并通过博士论文答辩。此时他只有 26 岁,人称"娃娃博士"。1950 年 8 月,邓稼先在美国获得博士学位 9 天后,便谢绝了恩师和同校好友的挽留,毅然决定回国。

1959 年 6 月,中共中央决定自己动手搞出原子弹、氢弹和人造卫星。邓稼先担任了原子弹的理论设计负责人后,一面部署同事们分头研究计算,一面自己带头攻关。在遇到一个苏联专家留下的核爆大气压的数字时,邓稼先在周光召的帮助下以严谨的计算推翻了原有结论,从而解决了决定中国原子弹试验成败的关键性难题。数学家华罗庚后来称,这是"集世界数学难题之大成"的成果。

邓稼先不仅在秘密科研院所里费尽心血,还经常到飞沙走石的戈壁试验场。1964 年 10 月,中国成功爆炸的第一颗原子弹,就是由他最后签字确定了设计方案。他还率领研究人员在试验后迅速进入爆炸现场采样,以证实效果。随后,他又同于敏等人投入对氢弹的研究。按照"邓-于方案",最后终于制成了氢弹,并于原子弹爆炸后的两年零八个月试验成功。这同法国用 8 年、美国用 7 年、苏联用 4 年的时间相比,创造了世界上最快的速度。

1986 年 7 月 29 日,邓稼先去世。他临终前留下的话仍是如何在尖端武器方面努力,并叮嘱:"不要让人家把我们落得太远……"

资料来源:《人民日报》(2021 年 05 月 01 日 07 版)

第6章 车削加工

6.1 车削概述

车削加工是机械加工中最基本、最常用的加工方法之一,它是将工件安装在车床的主轴上(夹具为卡盘、花盘、专用夹具等),用车刀的平移运动对零件进行切削加工的过程。它既可以加工金属材料,也可以加工塑料、橡胶、木材等非金属材料。车床在机械加工设备中占总数的50%以上,是金属切削加工中使用最多的一种设备,在现代机械加工中占有重要的地位。

车床(数控车床除外)主要用来加工各种回转体表面,如内外圆柱面、内外圆锥面、螺纹、沟槽、端面和成形面等,其主运动为工件的旋转运动,进给运动为刀具的横向或者纵向的直线移动。加工精度可达 IT8~IT7,表面粗糙度 Ra 值为 1.6~3.2 μm。车床上能加工的各种典型表面如图 6-1 所示。

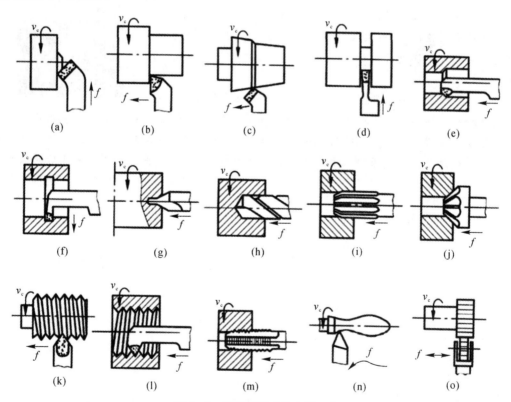

图 6-1 车削可完成的主要工作

(a)车端面; (b)车外圆; (c)车外锥面; (d)车槽、车断; (e)镗孔;
(f)车内槽; (g)钻中心孔; (h)钻孔; (i)铰孔; (j)锪锥孔;
(k)车外螺纹; (l)车内螺纹; (m)攻螺纹; (n)车成形面; (o)滚花

6.2 车 床

车床是车削加工最主要的设备。为了满足不同产品的加工需要，车床的类型很多，主要有卧式车床、立式车床、六角车床、方形车床、转塔车床、多轴车床、自动车床和数控车床等。

车削加工实训　　　全景 VR

6.2.1 卧式车床的组成及基本操作

卧式车床是目前生产中应用最广的一种车床，它具有性能良好、结构先进、操作轻便、通用性强和外形整齐美观等优点，但自动化程度较低，适用于单件小批生产，加工各种轴、盘、套等类零件上的各种表面。图 6-2 所示为 CA6132 型卧式车床的外形图。

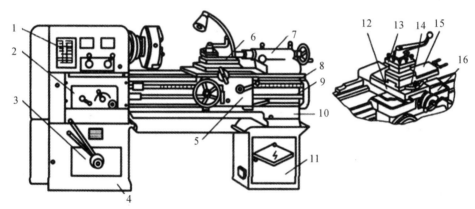

1—床头箱；　2—进给箱；　3—变速箱；　4—前床脚；　5—溜板箱；　6—刀架；　7—尾座；　8—丝杠；
9—光杠；　10—床身；　11—后床脚；　12—中拖板；　13—装刀架；　14—转盘；　15—小拖板；　16—大拖板

图 6-2　CA6132 型卧式车床

1.机床型号

机床型号介绍如下：

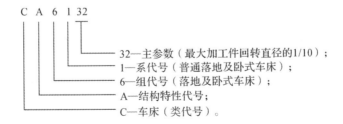

32—主参数（最大加工件回转直径的1/10）；
1—系代号（普通落地及卧式车床）；
6—组代号（落地及卧式车床）；
A—结构特性代号；
C—车床（类代号）。

2.组成

卧式车床的主要部件有以下几种。

（1）主轴箱。主轴箱又叫作床头箱，位于床身的左端。主轴箱的功能是支承主轴，使它为工件加工提供动力。主轴箱内装有齿轮、花键等变速与传动机构和主轴。该变速机构将电机的旋转运动传递至主轴，通过改变箱外手柄位置，使主轴实现多种转速的正、反旋转运动。主轴为中空结构,中间可以穿过棒料。主轴的前端装有卡盘等夹持工具,用于夹持工件。车床的电动机经 V 带传动,通过主轴箱内的变速机构,把动力传给主轴,以实现车削的主运动。

(2)进给箱。进给箱又叫走刀箱,进给箱固定在床身的左前下侧。箱内装有进给运动变速机构。它的功能是通过挂轮把主轴的旋转运动传递给丝杠或光杠,可分别实现车削各种螺纹的运动及自动进给运动。

(3)溜板箱。溜板箱固定在床鞍底部前侧。它的功能是通过开合螺母的开合将丝杠或光杠的旋转运动变为床鞍、中滑板的进给运动。在溜板箱表面装有各种操纵手柄和按钮,用来实现手动或自动进给或车螺纹、纵向进给或横向进给、快速进退或工作速度移动等。

(4)挂轮箱。挂轮箱装在床身的左侧。其上装有变换齿轮(挂轮),它把主轴的旋转运动传递给进给箱,调整挂轮箱上的齿轮,并与进给箱内的变速机构相配合。挂轮箱的用途是车削特殊的螺纹(如英制螺纹、径节螺纹、精密螺纹和非标准螺纹等),车削时调换齿轮即可。

(5)刀架。刀架安装在床身的床鞍导轨上,刀架的功能是安装车刀。

(6)床鞍。床鞍的功能是使刀架作纵向、横向和斜向运动。刀架位于 3 层滑板的顶端。最底层的滑板称为大滑板,它可沿床身导轨纵向运动,可以手动也可以自动,以带动刀架实现纵向进给。第二层为中滑板,它可沿着床鞍顶部的导轨作垂直于主轴方向的横向运动,也可以手动或自动,以带动刀架实现横向进给。最顶层为小滑板,它与中滑板以转盘连接,因此,小滑板可在中滑板上转动,调整好某个方向后,可以带动刀架实现斜向手动进给。

(7)床身。床身固定在左床腿和右床腿上,用以支承和连接车床的各个部件,并保证各部件在工作时有准确的相对位置。床身上面有两组导轨——床鞍导轨和尾座导轨。床身前方床鞍导轨下安装有长齿条,与溜板箱中的小齿轮啮合,以带动溜板箱纵向移动。

(8)丝杠。丝杠左端装在进给箱上,右端装在床身右前侧的挂脚上,中间穿过溜板箱丝,专门用来车螺纹。若溜板箱中的开合螺母合上,丝杠就能带动床鞍移动车螺纹。

(9)光杠。光杠左端装在进给箱上,右端装在床身右前侧的挂脚上,中间穿过溜板箱,专门用于实现车床的自动纵、横向进给。

(10)尾座。尾座如图 6-3 所示,是由尾座体、底座、套筒等组成的。它安装在床身导轨上,并能沿此导轨作纵向移动,以调整其工作位置。尾座上的套筒锥孔内可安装顶尖、钻头、铰刀、丝锥等刀、辅具,用来支撑工件、钻孔、铰孔、攻螺纹等。

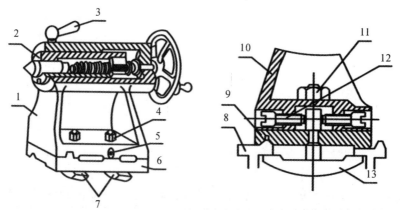

1,10—尾座体; 2—套筒; 3—套筒锁紧手柄; 4,11—固定螺钉;
5,12—调节螺钉; 6,9—底座; 7,13—压板; 8—床身导轨

图 6-3 尾座

3. 传动系统

图 6-4 所示是卧式车床的传动系统框图。电动机输出的动力,经变速箱通过带传动传给主轴,更换变速箱和主轴箱外的手柄位置,得到不同的齿轮组啮合,从而得到不同的主轴转速。主轴通过卡盘带动工件作旋转运动。同时,主轴的旋转运动通过换向机构、交换齿轮、进给箱、光杠(或丝杠)传给溜板箱,使溜板箱带动刀架沿床身作直线进给运动。

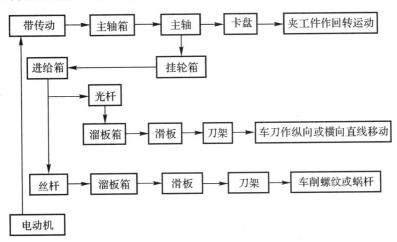

图 6-4 卧式车床的传动系统框图

4. 基本操作

(1)主轴变速的调整。主轴变速前一定保证主轴停转,变速可通过调整主轴箱前侧各变速手柄位置来实现。不同型号的车床,转速的调整和手柄的位置不尽相同,但一般都有指示转速的标记或主轴转速表来显示主轴转速与手柄的位置关系,需要时,只需按标记或转速表的指示将手柄调到所需位置即可,若手柄扳不到位,可用手轻轻扳动主轴,然后再次调手柄,使其到位。

(2)进给量的调整。进给量的调整是靠调整进给箱上的手柄位置来实现的。一般是根据车床进给箱上的进给量表中的进给量与手柄位置的对应关系进行调整的。即先从进给量表中查出所选用进给量数值,然后对应查出各手柄的位置,将各手柄扳到所需位置即可。

(3)螺纹种类变换及丝杠或光杠传动的调整。普通车床均可车米制和英制螺纹。车螺纹或者蜗杆时必须用丝杠传动,而其他车削则用光杠传动。光杠和丝杠传动的转换使用开合螺母手柄。不同型号的车床,其手柄的位置和数目有所不同,但都有符号指示,使用时按符号指示扳动手柄即可。

(4)手轮的使用。手轮分为大滑板手轮、中滑板手轮、小滑板手轮。顺时针摇动大滑板手轮,刀架向右移动;逆时针摇动时,刀架向左移动。顺时针摇动中滑板手轮,刀架向前移动;逆时针摇动则相反。小滑板手轮只能手动,使小滑板作少量移动。

(5)自动手柄的使用。一般车床控制自动进给的手柄设在溜板箱前面或者侧面,手柄两侧都有文字或图形表明自动进给的方向,使用时只需按标记扳动手柄即可。车削螺纹时,则需由开合螺母手柄控制,将开合螺母手柄置于"合"的位置即可车削螺纹。

(6)主轴启闭和变向手柄的使用。当车床电源打开后,在光杠下方设有一操作杆(又叫离合器),控制主轴的启停和换向,操作杆向上提为正转,向下为反转,中间位置为停止。

(7)操作车床注意事项：①开车前要检查各手柄是否处于正确位置、机床上是否有异物、卡盘扳手是否移开,确定无误后再进行主轴转动；②机床未完全停止前严禁变换主轴转速,否则可能发生严重的主轴箱内齿轮打齿现象,甚至发生机床事故。纵向和横向手柄进退方向不能摇错,尤其是快速进、退刀时要千万注意,否则可能发生工件报废或安全事故。

6.2.2　立式车床

立式车床如图6－5所示。立式车床的主轴回转轴线是垂直的,并有一安装工件的圆形工作台,装夹工件用的工作台绕垂直轴线旋转。立式车床适用于加工长度短而直径大的重型零件,可加工内外圆柱面、圆锥面、端面,如大型带轮、大型轮圈、大型电动机的零件等。在立式车床工作台的后侧面有立柱,立柱上有横梁和一个侧刀架,它们都能沿着立柱的导轨上下移动。垂直刀架溜板可沿横梁左右移动。溜板上有转台,可使刀具倾斜成不同角度,垂直刀架即可作垂直方向或斜向进给。

立式车床的主轴回转轴线处于垂直位置,圆形工作台在水平面内,零件的安装、调整较为方便和安全。

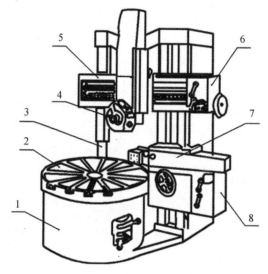

1—底座；　2—工作台；　3—立柱；　4—垂直刀架；
5—横梁；　6—垂直进给箱；　7—侧刀架；　8—侧刀架进给箱
图6－5　立式车床

6.2.3　转塔车床

转塔车床又称六角车床,用于加工外形复杂且数量大、中心有孔的零件,如图6－6所示。其外形和普通卧式车床基本类似,除刀架比较特殊之外,还没有丝杠。

转塔刀架的轴线大多垂直于机床主轴,车架可以顺序装6把刀,可沿床身导轨作纵向进给。一般大、中型转塔车床是滑鞍式的,转塔溜板直接在床身上移动。小型转塔车床常是滑板式的,在转塔溜板与床身之间还有一层滑板,转塔溜板只在滑板上作纵向移动,工作时滑板固定在床身上,只有当工件长度改变时才移动滑板的位置。机床另有前后刀架,可作纵、横向进给。

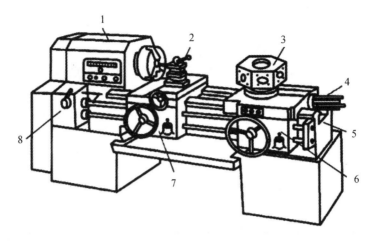

1—主轴箱；　2—四方刀架；　3—转塔刀架，　4—定程装置；
5—床身；　6—转塔刀架溜板箱；　7—四方刀架溜板箱；　8—进给箱

图 6-6　转塔车床

6.3　车　　刀

6.3.1　车刀的组成

车刀由刀头(或刀片)和刀杆两部分组成。刀头是车刀的切削部分,刀杆是车刀的夹持部分,刀头与刀杆连接方式有整体式、焊接式和机夹式三种。

1. 整体式车刀

整体式车刀是指车刀的刀头和刀杆为同一种材料的车刀,如高速钢车刀。整体高速钢车刀因全部由高速钢材料制造,其切削性能、耐高温性能和硬度较差,但韧性较好,目前主要用于成形加工和精车加工,如螺纹车刀和成形车刀。

2. 焊接式车刀

焊接式车刀是将一定形状的刀片和刀杆用钎焊连接而成。刀杆为中碳钢,刀片一般为硬质合金材料,刀杆上根据刀片形状开有通槽(A1 型矩形刀片)、半通槽(A2,A3,A4 型等圆弧刀片)和封闭槽(焊接面积较小的 C1,C2 型刀片)。焊接式硬质合金车刀具有以下特点:结构简单、制造方便,抗震、耐热等切削性能良好;但是刀杆不能重复使用,硬质合金与刀杆的线膨胀系数不同,易出现裂纹,另外刀具使用前必须经过刃磨。

3. 机夹式车刀

机夹式车刀是用机械夹固的方法将刀片固定在刀杆上,由刀片、刀垫、刀杆和夹紧机构组成。机夹式车刀具有以下特点:刀片可以多次重复更换且一般情况下不需要刃磨,刀杆可以重复使用;抗冲击性较差。

6.3.2　车刀刀面与角度

(1)刀头的形状由三面、两刃、一尖组成,如图 6-7 所示。

前刀面(前面),即刀具切屑流过的表面。

主后刀面,即刀具上与切削加工表面相对的刀面。

副后刀面,即刀具上与已加工表面相对的刀面。

主切削刃,即前刀面与主后刀面的交线,它承担着主要的切削任务。

副切削刃,即前刀面与副后刀面的交线,它承担着少量的切削任务。

刀尖,即主切削刃与副切削刃连接处相当少的一部分切削刃,通常是一小段圆弧或过渡直线。

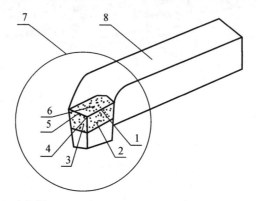

1—主切削刃; 2—主后刀面; 3—副后刀面; 4—刀尖;

5—副切削刃; 6—前刀面; 7—刀头; 8—刀柄

图 6-7　车刀刀面与角度

(2)在确定车刀的角度时,建立了三个辅助平面,即切削平面、基面和主剖平面。

切削平面,即过主切削刃上任意一点,与加工表面相切的平面。

基面,即过主切削刃选定点,并且平行于车刀安装底面、垂直于选定点处的主运动方向的平面。

主剖平面,即过主切削刃选定点,并同时垂直于基面和主切削平面的平面。基面、切削平面和正交平面组成标注刀具角度的正交平面参考系,如图 6-8 所示。

前角 γ,即在主剖平面内投影,刀具前面与基面的夹角。

后角 α,即在主剖平面内投影,主后面与切削平面间的夹角。

主偏角 κ_r,即在基面中投影,主切削刃与进给方向之间的夹角。

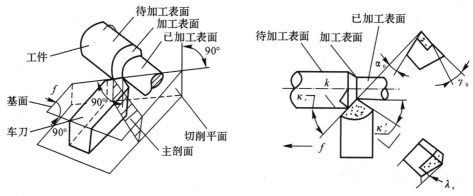

图 6-8　刀具的辅助平面和角度

副偏角 κ'_r，即在基面中投影，副切削刃与进给方向的反方向之间的夹角。

刃倾角 λ_s，即基面与主切削刃之间的夹角。

前角使刀刃锋利，便于切削。但前角也不能太大，否则会削弱刀刃的强度，容易磨损甚至崩坏。后角可减少主后刀面与工件的摩擦，粗加工时选较小值，精加工时选较大值。主偏角减小，能使切屑的截面薄而宽，有利于分散刀刃上的负荷，改善散热条件，同时加强了刀尖的强度，故能提高刀具的使用寿命，但是，刀具对工件的径向切削力增大，容易使工件变形，影响加工精度。副偏角减小，有利于降低工件的表面粗糙度值。但是副偏角太小，切削过程中会引起工件振动，影响加工质量。刃倾角主要影响切屑的流出方向和切削刃的强度。

45°外圆车刀　　　90°端面车刀

6.3.3 车刀的种类

根据车削加工的内容不同，采用的刀具种类也不同。车刀按照形状和用途不同可分为偏刀、弯头刀、镗刀、沟槽刀、切断刀、成形刀、螺纹刀和滚花刀等，如图6-9所示。

几种常用的车刀

(1)弯头刀一般用于车外圆、端面、倒角，抗冲击力强。

(2)偏刀分左、右偏刀一般用于车外圆、平端面、车阶台轴等。

(3)镗孔刀用于镗内孔。

(4)切断刀用于切断，切外圆面槽等纵向车削。

(5)成形刀用于车成形表面。

(6)螺纹刀分三角螺纹车刀、梯形螺纹车刀等，一般用于车螺纹。

(7)滚花刀通过挤压工件，使其产生塑性变形而形成花纹。

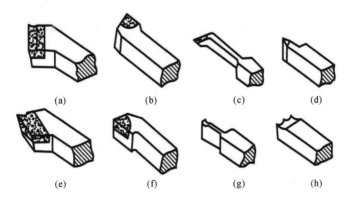

(a)　　　　(b)　　　　(c)　　　　(d)

(e)　　　　(f)　　　　(g)　　　　(h)

图6-9　车刀的种类

(a)45°外圆车刀；　(b)左偏刀；　(c)镗孔刀；　(d)螺纹车刀；
(e)75°外圆车刀；　(f)右偏刀；　(g)切断刀；　(h)成形刀

6.3.4 车刀的安装

车刀安装在方刀架上，刀尖一般应与车床中心等高。在车削外圆时，刀尖应该略低成等高，但是不同的材料也有不同；车削内孔时，车尖会略高于中心线。此外，车刀在方刀架上伸出的长度要尽可能地短，垫刀片方刀架伸出要一样，要放得平整，同时车刀与方刀架都要锁紧，如

图6-10所示。车刀使用时必须正确安装。车刀安装的基本要求如下：

(1)刀尖应与车床主轴轴线等高且与尾座顶尖对齐,刀杆应与零件的轴线垂直,其底面应平放在方刀架上。

(2)刀头伸出长度应小于刀杆厚度的1.5～2倍,以防切削时产生振动,影响加工质量。

(3)刀具应垫平、放正、夹牢。垫片数量不宜过多,以1～3片为宜,一般用两个螺钉交替锁紧车刀。

(4)锁紧方刀架。

(5)装好零件和刀具后,检查加工极限位置是否会干涉、碰撞。

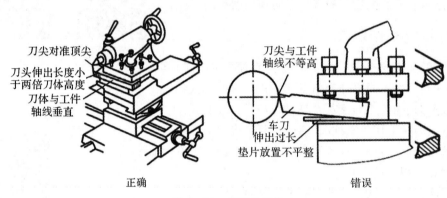

图6-10　车刀的安装

6.4　工件的装夹

在车床上安装工件时,应使被加工表面的回转中心与车床主轴的轴线重合,以保证工件位置准确;要把工件夹紧,以承受切削力,保证工作时安全。在车床上加工工件时,主要有三爪卡盘、四爪卡盘、顶尖、心轴和花盘等几种安装方法。

车削工件的装夹　　车削工件装夹动画

6.4.1　三爪卡盘

三爪卡盘是车床最常用的附件,其结构如图6-11(c)所示。当用卡盘扳手转动小锥齿轮时,与之啮合的大锥齿轮也随之转动,大锥齿轮背面的端面螺纹就使3个卡爪同时缩向中心或张开,以夹紧不同直径的工件,三爪卡盘又叫自定心夹具,3个卡爪能同时移动并对中(精度为0.05～0.15 mm),适于快速夹持横截面为圆形、正三边形、正六边形的棒料类工件。三爪卡盘的卡爪分为正爪[见图6-11(a)]和反爪[见图6-11(b)],正爪主要适用于直径中等偏小且长度较大的工件,反爪可用于夹持直径较大的工件。

6.4.2　四爪卡盘

四爪卡盘的构造如图6-12(a)所示,有4个卡爪。它与三爪卡盘不同,不能联动,可以单独调整,不可自动定心,因此称为四爪单动卡盘。虽然四爪单动卡盘装夹零件所花费的找正时间较长,但其夹紧力大,适合装夹圆形、方形、长方形、椭圆形、内外圆偏心零件或其他形状不规则的零件,用于单件小批量且比较复杂的零件的生产。

　　由于四爪单动,夹紧力大,装夹时工件需找正,如图 6-12(b)(c)所示。四爪单动卡盘安装零件时,一般用划线盘按零件外圆或内控进行找正,也可按事先划出的加工界线用划线盘进行划线找正,当要求定位精度达到 0.01 mm 时还可用百分表找正。

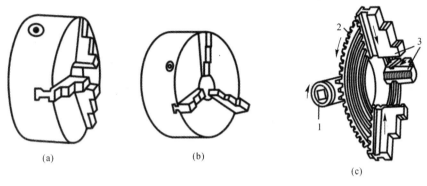

1—小锥齿轮；　2—大锥齿轮；　3—卡爪

图 6-11　三爪卡盘结构

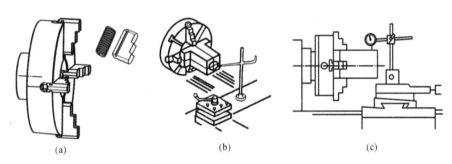

图 6-12　四爪卡盘结构及找正

(a)四爪单动卡盘；　(b)划线找正；　(c)用百分表找正

6.4.3　顶尖

　　卡盘装夹适合于安装长径比小于 4 的工件,而当某些工件在加工过程中需多次安装,要求有统一基准,或无需多次安装,但要增加工件的刚性(加工长径比为 4～10 的轴类零件)时,往往采用顶尖安装工件,如图 6-13 所示。

　　用顶尖装夹,必须先在工件两端面上钻出中心孔,再把轴安装在前、后顶尖上。前顶尖装在车床主轴锥孔中与主轴一起旋转,后顶尖装在尾座套筒锥孔内。顶尖有死顶尖和活顶尖两种。死顶尖与工件中心孔发生摩擦,死顶尖定心准确,刚性好,适合于低速切削和工件精度要求较高的场合,为了克服摩擦力,在接触面上要加润滑脂。活顶尖随工件一起转动,与工件中心孔无摩擦,它适合于高速切削,但定心精度不高。用两顶尖装夹时,需有机心夹头和(卡盘)拨盘夹紧来带动工件旋转。

　　当加工长径比大于 10 的细长轴时,为了防止轴受切削力的作用而产生弯曲变形,往往需要加用中心架或跟刀架支承,以增加其刚性。

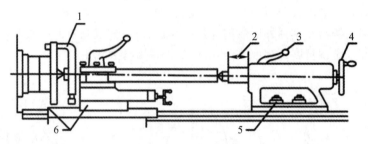

1—机心夹; 2—活动套筒; 3—锁紧机构; 4—尾座手柄;

5—尾座锁紧螺栓; 6—机床的滑板

图 6-13 用双顶尖安装零件

6.4.4　中心架与跟刀架

中心架的使用如图 6-14 所示。中心架固定于床身导轨上,不随刀架移动。中心架应用比较广泛,通常适用于对长工件的端面进行钻孔、镗孔或者攻螺纹,尤其在中心距很长的车床上加工细长工件时,必须采用中心架,以保证工件在加工过程中有足够的刚性。

图 6-15 为跟刀架的使用情况,跟刀架主要用于精车或半精车细长的轴类零件,如丝杠、光杠等。它可以有效抵消细长工件加工时的不平衡径向切削分力,从而大大提高细长轴的加工精度和表面质量。其不同点在于跟刀架只有两个支撑点,还有一个支撑点被车刀所代替。跟刀架固定在大拖板上,可以跟随拖板与刀具一起移动,从而有效地增强工件在切削过程中的刚性。因此,跟刀架常被用于精车细长轴工件上的外圆,有时也适用于需一次装夹而不能调头加工的细长轴类工件。

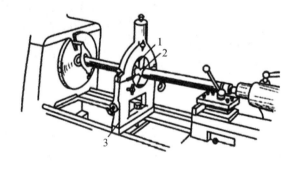

1—可调节支承爪; 2—预先车出的外圆面; 3—中心架

图 6-14　中心架的使用

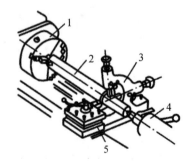

1—三爪卡盘; 2—工件;

3—跟刀架; 4—尾座; 5—刀架

图 6-15　跟刀架的使用

6.4.5　心轴

为了保证同轴度,心轴一般在车床上直接加工成形或者用双顶尖顶夹在车床上,用于安装形状复杂或同轴度要求较高的盘套类零件,以保证零件外圆与内孔的同轴度及端面与内孔轴线的垂直度。在加工时先对工件的内孔进行精加工,并以其为基准,利用心轴与顶尖的配合,再对其外圆等进行加工。常用的心轴有圆锥度心轴、圆柱心轴、胀力心轴和伞形心轴。

1. 圆锥度心轴

当工件孔的长度大于孔径的 1~1.5 倍时,可采用带有小锥度(1/5 000~1/2 000)的心轴,如图 6-16 所示。由于工件孔与小锥度心轴配合时是靠接触面之间产生的弹性变形来夹紧零件的,故切削力不可太大,以防工件在心轴上滑动而影响正常切削。小锥度心轴的定心精度较高,可达 0.01~0.005 mm,多用于磨削或精车加工,但工件的轴向定位不够准确。

2. 圆柱心轴

当工件孔的长径比小于 1~1.5 时,应使用带螺母压紧的圆柱心轴,如图 6-17 所示。工件左端靠近心轴的台阶,借助螺母及垫圈将工件压紧在心轴上。为了保证内外圆同心,孔与心轴之间的配合间隙应尽可能小些,否则其定心精度将随之降低。

3. 胀力心轴

胀力心轴是通过调整锥形螺杆,使心轴一端作微量的扩张,以将工件孔胀紧的一种快速装拆的心轴,适用于中小型工件的批量生产。

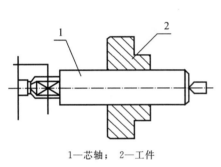

1—芯轴；　2—工件

图 6-16　锥度心轴装夹工件

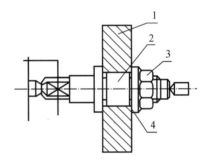

1—工件；　2—芯轴；　3—锁紧螺母；　4—压紧垫片

图 6-17　圆柱心轴装夹工件

4. 伞形心轴

伞形心轴适于安装以毛坯孔为基准车削外圆的带有锥孔或阶梯孔的工件,其特点是装拆迅速,装夹牢固,能装夹一定尺寸范围内不同孔径的工件。

心轴的种类很多,除上述几种外,还有弹簧心轴、离心力夹紧心轴等。

6.5　车 削 操 作

车削加工过程

6.5.1　刻度盘及其手柄的使用

在车削工件时,要准确、迅速地调整切削深度(背吃刀量),必须熟练地使用大滑板、中滑板和小滑板的进给方向和刻度盘。

中滑板的刻度盘紧固在丝杠轴头上,中滑板和丝杠螺母紧固在一起。当中滑板手柄带着刻度盘转一周时,丝杠也转一周,这时螺母带着中滑板移动一个螺距。CA6136 车床中滑板丝杠螺距为 4 mm,中滑板的刻度盘等分为 200 格,故每转一格对应滑板移动的距离为 0.02

mm,也就是切削深度增加(减少)0.02 mm。由于工件是旋转的,所以工件上被切除部分刚好是滑板移动量的 2 倍。CA6132 和 CA6140 车床中滑板丝杠螺距为 4 mm,中滑板的刻度盘等分为 80 格,每转一格对应滑板移动的距离为 0.05 mm,切削深度增加(减少)0.05 mm。

加工时,应慢慢转动刻度盘手柄,使刻度线转到所需要的格数。若所需刻度多转过几格,绝不能简单地退回几格。这是因为丝杠与螺母之间存在间隙,会产生空行程(即刻度盘转动而溜板并未移动)。一定要向反向退回半圈以上,以消除空行程,然后再转到所需要的格数。

小滑板刻度盘的原理及其使用和中滑板相同。小滑板刻度盘主要用于控制工件轴向尺寸。与加工圆柱面不同的是,小滑板移动了多少,工件轴向尺寸就改变了多少。

6.5.2 车削步骤

在正确安装工件和刀具之后,通常按以下步骤操作。

1.对刀

对刀流程

为了控制切削深度,保证工件的长度和直径与车床刀架的相对位置,开始车削时,应先进行试切。试切的方法与步骤如下:

(1)开车,转动中拖板手柄缓慢进刀,使刀尖与工件表面轻微接触,保持中滑板刻度盘上的数值不动,然后转动大拖板手柄,将大拖板摇出工件;

(2)按进给量或工件直径的要求计算切削深度,转动中拖板手柄,根据中滑板刻度盘上的数值进刀,并手动纵向进给切进工件约 3~5 mm,然后再次将大拖板摇出工件;

(3)进行测量,如果尺寸合格,就按该切深纵向进给将整个表面加工完,如果尺寸不合格要按照步骤(2)重新调整,进行试切,直到尺寸合格。

2.切削

试切成功后,就可以挂上自动走刀手柄开始自动车削。当车刀纵向进给至距末端 1~3 mm 时,需要将自动进给改为手动进给,以避免撞刀。当全部加工完成后应先停止走刀,然后将车刀退出工件,最后再停车。

3.检验

待完全停车之后,完工零件要进行测量检验。

6.5.3 粗车与精车

为了提高生产效率,保证加工质量,常把车削划分为粗车和精车。

粗车是一种以切除大部分加工余量为主要目的的切削加工,粗车后应留下 0.5~1 mm 的精加工余量。精车是一种以达到预定的精度和表面质量的切削加工,因此背吃刀量较小,必要时可将刀尖磨成小圆弧,通常情况下,对于有形位公差要求的工件必须分粗车和精车。

6.6 车 削 应 用

6.6.1 车外圆和台阶

外圆和台阶车削是车削加工中最基本、最常见的工作。车外圆和台阶时应注意以下事项:

(1)尖刀主要用于粗车外圆和车没有台阶或台阶不大的外圆。

(2)弯头刀用于车外圆、端面、倒角和有 45°斜面的外圆。

(3)偏刀的主偏角为 90°,车外圆时径向力很小,常用来车有垂直台阶的外圆和车细长轴。

(4)以 CA6140 车床车削 45♯钢为例,可在车外圆的同时车出高度在 5 mm 以下的台阶[见图 6-18(a)]。偏刀的主偏角为 90°的车刀主切刃与工件的轴线的夹角大于 90°、小于 95°,车削时台阶端面与工件的轴线保证垂直。

(5)为使台阶长度符合要求,可用钢尺或者大滑板转动确定台阶长度。车削时先用刀尖在工件上刻出线痕,以此作为加工界限。这种方法不是很准确,一般线痕所定的长度应比所需的长度略短,以留有余地。

(6)车高度为 5 mm 以上的台阶时,应分层进行切削[见图 6-18(b)(c)]。

(7)工件车削完毕之后,应采用合适的量具检验。车削外圆主要检验工件外圆直径是否在公差范围之内,测量时需要多测量几个部位,注意是否存在锥形误差问题。

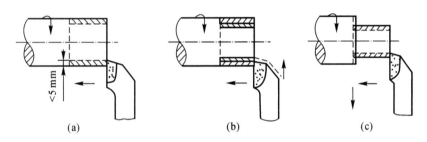

图 6-18 车外圆和台阶

6.6.2 车端面

车端面时应注意以下事项:

(1)车刀的刀尖应对准工件的回转中心,以免车到端面中心时留有凸台。

(2)偏刀车端面切深较大时,容易扎刀,而且车到工件中心时是将凸台一下子车掉的,容易损坏刀尖。弯头刀车端面,凸台是逐渐车掉的,可以进行大吃刀量的走刀。

(3)端面的直径从外到中心是变化的,切削速度也在改变,不易车出较低的粗糙度,因此车削端面时工件转速可比车外圆时高一些。为降低端面粗糙度,可由中心向外切削。

(4)直径较大的端面车削时应将纵溜板锁紧在床身上,以防止纵溜板让刀引起端面外凸或内凹。此时用小滑板调整背吃刀量。精度要求高的端面应分粗、精加工。

6.6.3 孔加工

车床上可以用钻头、镗刀、扩孔钻、铰刀进行钻孔、镗孔、扩孔和铰孔。

(1)镗孔如图 6-19 所示。

(2)钻孔如图 6-20 所示。

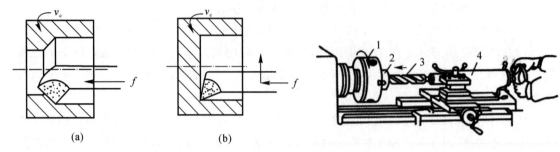

图 6-19　车床上镗孔

(a)车通孔；　(b)车盲孔

1—三爪卡盘；　2—工件；　3—钻头；　4—尾座

图 6-20　车床上钻孔

6.6.4　切槽与切断

1.切槽操作

切槽使用切槽刀或切断刀。切槽和车端面很相似,如图 6-21 所示。切槽刀如同右偏刀和左偏刀并在一起,可同时车左、右两个端面。切槽时应注意以下事项:

(1)切窄槽时,主切削刃宽度等于槽宽,在横向进刀小,一次切出。

(2)切宽槽时,主切削刃宽度可小于槽宽,在横向进刀中分多次切出。切削 5 mm 以下窄槽,可使主切削刃和槽等宽,一次切出。

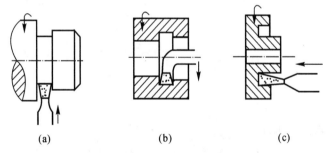

(a)　　　　　　　　(b)　　　　　　　　(c)

图 6-21　切槽刀及切断刀

(a)切外槽；　(b)切内槽；　(c)切端面槽

2.切断操作

切断是将工件的一部分材料分离下来,切断要用切断刀,切断刀的形状与切槽刀相似,但因刀头窄而长,很容易折断,切断时一般不会直接切下来,需要留一个 2～3 mm 的凸台,然后用手扳下来,否则会出现打刀的情况。切断时注意事项如下:

(1)切断一般在卡盘上进行,工件的切断处应距卡盘近些,避免在顶尖安装的工件上切断。

(2)切断刀刀尖必须与工件中心等高,否则切断处将剩有凸台,且刀头也容易损坏。切断刀伸出刀架的长度不要过长。

(3)要尽可能减小主轴与刀架滑动部分的间隙,以免工件和车刀振动,使切削难以进行。

(4)用于进给时一定要均匀,即将切断时,须放慢进给速度,以免刀头折断。

6.6.5　车锥度

将工件车成锥体的方法称为车锥面。锥体可直接用角度表示,如 30°,45°,60°等,也可用锥度表示,如 1∶5,1∶10,1∶20 等,还可以用斜度表示,如 1∶3,1∶5 等。由于圆锥体和圆锥孔的配合紧密,装拆方便,经多次拆卸后仍能保证有准确的定心作用,所以在各种机械结构中应用广泛,如顶尖尾柄与尾座套筒的配合、顶尖与被支承工件中心孔的配合、锥销与锥孔的配合。小锥度配合表面还能传递较大的扭矩。车削锥面常用的方法有宽刀法、小拖板旋转法、偏移尾座法和靠模法。

1. 宽刀法

宽刀法也叫成形刀法,就是利用主切削刃横向直接车出圆锥面,如图 6-22 所示,切削刃的长度要略长于母线长度,切削刃与工件回转中心线成半锥角 α。这种方法仅适用于车削较短的内外锥面。其优点是方便、迅速,能加工任意角度的圆锥面;缺点是加工的圆锥面不能太长,并要求机床与工件系统有较好的刚性。宽刀法适用于批量生产。

2. 小拖板旋转法

车床中拖板与小拖板的连接处有个转盘,可以转动任意角度,松开上面的两个紧固螺钉,可使小拖板转过半锥角 α。如图 6-23 所示,将螺钉拧紧后,转动小拖板手柄,沿斜向进给,便可以车出圆锥面。这种方法操作简单方便,能保证一定的加工精度,能加工各种锥度的内、外圆锥面,应用广泛。但受小拖板行程的限制,小拖板旋转法不能车太长的圆锥。而且,小拖板只能手动进给,锥面的粗糙度数值大。小拖板旋转法在单件或小批量生产中用得较多。

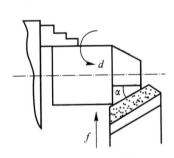

图 6-22　用宽刀法车锥面

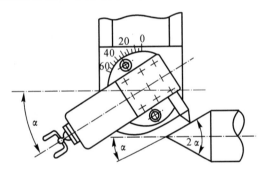

图 6-23　小拖板旋转法

车削时,先把外圆锥车削正确,此时不要变动小拖板的角度,只要把车孔刀反装,使前刀面向下(主轴仍正转),然后车削内圆锥孔。由于小拖板角度不变,因此可以获得很准确的圆锥配合表面。

3. 偏移尾座法

将尾座横向偏移一个距离 S,使得安装在两顶尖的工件回转轴线与主轴轴线成半锥角 $\alpha/2$。当车刀作纵向走刀时,车出的回转体母线与回转体中心线成斜角,形成锥角为 α 的圆锥面。后座的偏移量为

$$S = L\sin\alpha$$

当 α 很小时,则

$$S = L\tan\alpha = (D-d)L/2l$$

偏移尾座法能切削较长的圆锥面,并能自动走刀,表面质量比小拖板旋转法好,与自动走刀车外圆一样。由于受到尾部偏移量的限制,只能加工小锥度圆锥,不能加工内锥面。

4.靠模法

在大批量生产中还经常用靠模法车削圆锥面,如图 6-24 所示模式,靠模是车床加工圆锥面的附件。对于某些精度要求较高、尺寸较长的圆锥面和圆锥孔,批量较大时常采用这种方法。靠模装置的底座固定在床身的后面,底座上装有锥度靠模板。松开紧固螺钉,靠模板可以绕定位销钉旋转,与工件的轴线成一个斜角。靠模上的滑块可以沿靠模滑动,而滑块通过连接板与横向滑板连接在一起。横向滑板上的丝杠与螺母脱开,其手柄不再调节刀架横向位置,而是将小滑板转过 90°,用小滑板上的丝杠调节刀具横向位置,以调整所需的背吃刀量。靠模板与机床的主轴轴线所成的角度,就是锥面锥角的一半。用此法可加工圆锥面和圆锥孔,因可采用自动进给,所以操作简单,效率较高。不足之处是因带特制靠模装置,所以只在大批量生产时才采用此法。

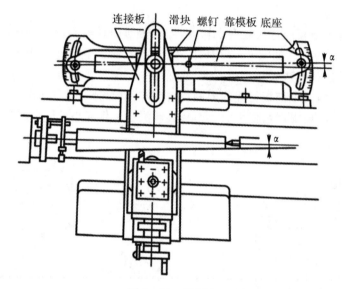

图 6-24　靠模法

如果工件的锥角为 α,则将靠模调节成 $\alpha/2$ 的斜角。当大拖板作纵向自动进给时,滑块就沿靠模板车出所需的圆锥面。

靠模法加工进给平稳,工件的表面质量高,生产效率高,可以加工 $\alpha < 12°$ 的长锥面。

6.6.6　车成形面

有些零件(如手柄、手轮、圆球等)的表面不是平直的,而是由曲面组成的,这类零件的表面叫作成形面。加工成形面的方法有用双手控制法车削成形面、用成形刀法车成形面、用靠模法车成形面等。

1.成形车刀法

切削刃形状与工件表面形状一致的车刀称为成形车刀(样板车刀)。用成形车刀切削时,只要作横向进给就可以车出工件上的成形表面,如图 6-25 所示。用成形车刀车削成形面时,工件的形状精度取决于刀具的精度,加工效率高,但由于刀具切削刃长,加工时的切削力大,加工系统容易产生变形和振动,要求机床有较高的刚度和切削功率。成形车刀制造成本高,且不容易刃磨。因此,成形车刀法宜用于成批或大量生产。

2. 靠模法

用靠模法车成形面与用靠模法车圆锥面的原理是一样的，只是靠模的形状是与工件母线形状一样的曲线，如图 6-26 所示。

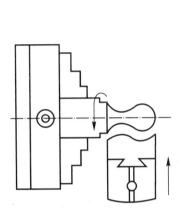

图 6-25 用成形车刀车削成形面

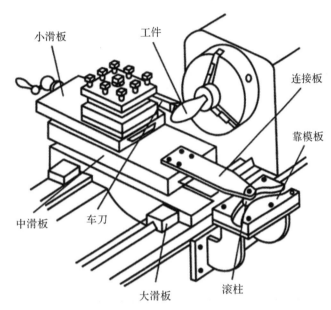

图 6-26 靠模法车成形面

大滑板带动刀具作纵向进给的同时靠模带动刀具作横向进给，两个方向进给形成的合运动产生的进给运动物迹就形成工件的母线。靠模法加工采用普通的车刀进行切削，刀具实际参加切削的切削刃不长，切削力与普通车削相近，变形小，振动小，工件的加工质量好，生产效率高，但靠模法的制造成本高。靠模法车成形面主要用于成批或大量生产。

6.6.7 车螺纹

螺纹是零件上常见的表面之一，在车床上通过更换挂轮架上的配换齿轮和改变进给箱上的手柄位置，可以得到各种不同的导程；在刀架上安装与牙型角相符的螺纹车刀，就可以加工公制螺纹（米制螺纹）、英制螺纹、公制蜗杆、英制蜗杆、特殊螺纹等。螺纹种类有很多，按牙型分为三角形、梯形、方牙螺纹等，按标准分为米制和英制螺纹。米制三角形螺纹牙型角为 60°，用螺距或导程来表示；英制三角形螺纹牙型角为 55°，用每英寸牙数作为主要规格。各种螺纹都有左旋、右旋、单线、多线之分，其中以米制三角形螺纹即普通螺纹应用最广。普通螺纹以大径、中径、螺距、牙型角和旋向为基本要素，是螺纹加工时必须控制的部分，在车床上能车削各种螺纹。

为了使车出的螺纹形状正确，必须使车刀刀头的形状与螺纹的截面形状相吻合：安装时应使螺纹车刀的前刀面与工件回转中心线等高，且应采用样板对刀，使刀尖的对称平分线与工件轴线垂直。

车削螺纹的进刀方式主要有以下两种。

1．直进法

如图 6 - 27 所示，用中拖板垂直进刀，两个切削刃同时进行切削。此法适用于小螺距或最后精车。车削过程如下：

(1)开车，使车刀与工件轻微接触，记下刻度盘读数，向右退出车刀[见图 6 - 27(a)]；

(2)合上对开螺母，在工件表面上车出一条螺旋线，横向退出车刀，停车[见图 6 - 27(b)]；

(3)开反车使车刀退到工件右端停车，用钢卡尺检查螺距是否正确[见图 6 - 27(c)]；

(4)利用刻度调整切削深度，开始车削至退刀槽停车[图 6 - 27(d)]；

(5)车刀将至行程终了时，应做好退刀停车准备，先快速退出车刀，然后停车，开反车退回刀架[图 6 - 27(e)]；

(6)再次调整背吃刀量，继续切削，直到螺纹加工完[见图 6 - 27(f)]。

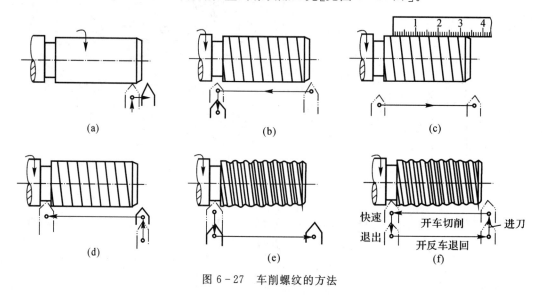

图 6 - 27　车削螺纹的方法

2．左、右切削法

除用中拖板垂直进刀外，同时用小拖板使车刀左、右微量进刀(借刀)，由于只有一个刀刃切削，因此车削比较平稳。此法适用于塑性材料和大螺距螺纹的粗车。

在车削螺纹的过程中，当所车削的螺距 P 不是机床丝杠螺距的整数倍时，机床的开合螺母在车削过程一定不能打开，否则会导致"乱扣"，当所车削的螺距 P 为机床丝杠螺距的整数倍时，开合螺母的开合对工件的螺距没有影响。

6.6.8　滚花

滚花是用滚花刀挤压零件，使其表面产生塑性变形而形成花纹的加工方法。花纹一般有直纹和网纹两种，滚花刀也分直纹滚花刀和网纹滚花刀，如图 6 - 28 所示。

滚花前，应将滚花部分的直径车削得比零件所要求的尺寸大些(0.15～0.8 mm)，然后将滚花刀的表面与零件平行接触，且使滚花刀中心线与零件中心线等高。在滚花开始进刀时，需用较大压力，待进刀一定深度后，再纵向自动进给，这样往复滚压1～2次，直到滚好为止。此外，滚花时零件转速要低，通常还需充分供给冷却液。

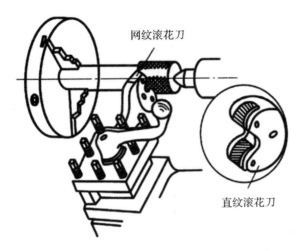

网纹滚花刀

直纹滚花刀

图 6-28 滚花

6.7 加 工 实 训

6.7.1 基本要求

(1)了解车削加工的基本知识;

(2)熟悉卧式车床的名称、主要组成部分及作用;

(3)了解立式、转塔车床的工作特点及适用场合;

(4)了解轴类、盘类零件的装夹方法的特点及常用附件的基本结构和用途;

(5)掌握外圆、端面的加工方法,并能正确选择简单零件的车削加工顺序。

6.7.2 车工安全操作规程

(1)学生在指定的车床进行实训,必须穿好工作服,佩戴帽子和护目镜,不得乱动其他机床、工具电器开关等。

(2)开动机床前,要检查周围有无障碍物,各操作手柄位置是否正确,工件及刀具是否夹持牢固,卡盘扳手是否取下。

(3)车刀安装时,刀尖应与工件中心等高或略低,刀尖不应伸出刀架太长,以免发生安全事故。

(4)开车后不得离开车床,离开必须停车。变速、换刀及测量工件时必须停车。

(5)切削时勿将头部靠近工件及刀具,人站立的位置勿与主轴箱处同一平面,以免铁屑、工件飞出伤人。

(6)在车削时,不得任意加大切削用量,以免机床过载,工作时,若机床发出异常声音或发生突发情况,应立即停车,关闭电源,并及时报告指导教师。

(7)每次实习结束后,应及时切断电源;每天工作结束后,擦净机床,给导轨面加油,将拖板箱摇至尾座部位。

(8)保持周围实习场地环境整洁,做到文明实习。

6.7.3 车削实训过程指导

本次车削实训为榔头把的制作,零件图见附录(第139页),其车削训练项目主要包括车外圆、车端面、钻中心孔、车锥面、切槽切断、套螺纹、滚花等;其中部分尺寸有公差要求和加工工艺要求,见附录(第140—142页)。车削实训作为大学生通识教育的一部分,让学生重点了解车削加工的主要方式和加工范围,培养其良好的学习习惯、学习方法和工程素养,以及认真负责的学习态度。

1. 教具及设备

设备参数见表6-1。

表6-1 设备参数

设备名称	型号	行程	主轴转速	最大车削直径	使用电压
卧式车床	CA6136	300×1 000 mm	25～15 00 r/min	360 mm	380 V

所用教具见表6-2。

表6-2 教具

量具	刀具		零件毛坯		其他
游标卡尺 0～150 mm	外圆车刀	3 mm切槽、切断刀	尺寸/mm	种类	零件图
			φ18×230	圆棒料	加工工艺卡片
测量精度	刀具材料		材料	数量	车削指导卡片
0.02mm	高速钢		A3钢	1	工件评分标准

2. 车削操作过程指导

车削操作过程见表6-3。

表6-3 车削操作过程

学时	序号	教学形式	教学内容	教学目的	课时
半天	1	教师讲授 学生练习	(1)确认教学班级,由组长清点、分配人数到各指导老师处;(2)车削安全操作规程讲解;(3)CA6136卧式车床初步认知;(4)车床的组成和结构;(5)大、中、小拖板的操作	提高学生车削加工的安全意识,要求学生爱护公物,并遵守加工车间的实习守则;掌握大、中、小拖板的操作方法	8:30—9:15 课间休息
	2	讲授示范 学生练习	(1)分发毛坯料,工件安装;(2)刀具安装,转换刀具;(3)车床启闭;(4)空车练习	能够独立地完成毛坯料及工件的安装;熟悉车床各手柄的功能并操作	9:25—10:10 课间休息
	3	讲授示范 学生练习	(1)认读卡尺;(2)车端面,对刀试切,选择进给量;(3)中心孔的加工方法讲解;(4)车削M10大径;(5)倒角	增强手摇拖板时的稳定性;能够独立完成车端面、对刀、消除间隙等;能正确使用工量具完成外圆车削和倒角	10:30—11:15 课间休息 11:25—12:10

续表

学时	序号	教学形式	教学内容	教学目的	课时
半天	1	讲授示范 学生练习	(1)转速的变换方法及注意事项;(2)孔加工时转速与钻头直径的关系;(3)钻夹头的使用及其在尾座的安装方式;(4)孔加工技术要领和切削用量	掌握车床主轴转速变换方法和技巧,能够使用锥度配合类的工具,掌握孔加工的切屑方法	14:00—14:45 课间休息
	2	讲授示范 学生练习	(1)一夹一顶车削外圆的方法;(2)计算尺寸,划线	掌握一夹一顶车削外圆的方法、切削用量和关键技巧,能使用自动走刀	14:55—15:40 课间休息
	3	学生练习	(1)滚花的方法和关键点;(2)切槽、切断的方法和注意点(教师完成)	掌握滚花的方式方法,了解切槽、切断加工方法;掌握切槽的目的	16:00—17:00 课间休息
	4	工作收尾	收拾量具,清理车床废屑,打扫车床及地面	养成良好的工作习惯	17:10—17:40
半天	1	教师讲授 学生练习	(1)温习前一天所学的知识技能,熟悉机床的操作方法;(2)精加工外圆 $\phi11$ mm 及其方法;(3)如何通过调整切削用量保证表面质量	学会外圆精加工方法和长度的保证方式;学会通过调整不同的切削用量,保证表面粗糙度	8:30—9:15 课间休息
	2	讲授示范 学生练习	(1)倒角 2.5 mm × 45°;(2)讲解车锥度的四种不同方法,让学生重点掌握小拖板偏移角度车削锥度的方法;(3)学会用三角函数的关系计算锥度之间的关系	了解车锥度的不同方法;掌握小拖板转动角度车锥度;学会反倒角	9:25—9:50
	3	讲授示范 学生练习	(1)讲解已加工表面的装夹方法;(2)学会用三爪卡盘夹紧垫铜皮零件的方法;(3)保证总长的方法	掌握用垫铜皮的方式加工零件的方法和如何保证零件的整体长度	9:50—10:10 课间休息
	4	讲授示范 学生练习	用成形刀加工圆弧的方法和技巧	了解圆弧的加工方法,掌握成形刀加工圆弧的方法与技能	10:30～10:50
	5	学生练习	(1)板牙的使用方法和注意事项;(2)用 M10 的板牙套螺纹	了解板牙的使用方法和注意事项;掌握板牙套螺纹的方法和技能	10:50—11:15 课间休息
	6	成绩评定	将工件送测量室检测,并根据评分标准配分		11:25—12:10

续表

学时	序号	教学形式	教学内容	教学目的	课时
半天	7	工作收尾	收拾量具,清理车床废屑,打扫车床及地面	养成良好的工作习惯	
	8	工作讲评	互动交流、答疑解惑、布置作业	形成对车工的全面认识	

6.7.4 车削工件评分标准

车削工件评分标准见表6-4。

表6-4 车削工件评分标准

序号	名称	尺寸要求/mm	分值	备注
1	螺纹长度	18 ± 0.2	10	无烂牙,螺纹规通端必须通过
2	外圆	$\varnothing 16^0_{-0.2}$	15	
3	外圆	$\varnothing 11^0_{-0.2}$	15	
4	滚花	花纹	5	
5	角度	$9°$	6	
6	$\varnothing 11^0_{-0.2}$ mm 表面粗糙度	$Ra1.6\ \mu m$	5	
7	其余表面粗糙度	$Ra3.2\ \mu m$	5	
8	总长度	210	5	超差5 mm总分扣5分
9	中心孔	A2/5	3	
10	倒角	$1\times45°$	2	
11	倒角	$2.5\times45°$	2	
12	$\varnothing 16^0_{-0.2}$ mm 外圆长度	6	3	
13	$\varnothing 16$ mm 外圆长度	100	3	
14	滚花外圆直径	$\varnothing 16$	3	
15	球面	SR8	15	
16	退刀槽	$3\times\varnothing 8$	3	

思政课堂——一位曾婉拒千万年薪的车工洪家光

航空发动机被誉为现代工业"皇冠上的明珠"。叶片是影响发动机安全性能的关键承载部件,制造的工作量在航空发动机制造工作量中占30%。长期以来,外国用于加工叶片的"滚轮金刚石成形技术"对我国进行技术封锁,一直是我国航空发动机水平提升的瓶颈。

洪家光的工作就是为我国战机发动机研发精密铸造装备。作为一线工人,通过自己的努力,他将航空发动机叶片罐顶、榫头制造精度由0.02 mm提升到0.005 mm,这项"航空发动机叶片滚轮精密磨削技术"摘取了 2017 年度国家科技进步二等奖。

努力把不可能变为可能。一身整洁的工装,双手将一块金属装夹在车床上,启动车床、打开切削液开关,左手移动大拖盘,右手移动中拖盘,试切削 2 mm,火花飞溅。随后,观看切削面的颜色和亮度变化,调整细微偏差后,再次进行加工,迅速移动拖盘回到初始位置,用千分尺测量精度为 0.003 mm,整套动作一气呵成。

采访时,《工人日报》记者见到的洪家光的这套绝活,背后是 20 年刻苦练习的功底支撑。

车削加工中,震刀一直是对精车加工质量影响最大的因素之一。为了减少车床加工中产生的震动,提高精度,洪家光攻克难关,将滚轮精度从 0.008 mm 提高到 0.003 mm,仅有头发丝直径(0.08 mm)的 1/27,在别人眼里不可能的事情,洪家光努力将它变为可能。

"手巧不如家什妙",车工的一项关键技术是磨车刀。许多高精度的零部件没有现成的刀具,洪家光白天工作之余练磨刀,晚上回家经常看书琢磨。洪家光花 3 个月时间跟不同师傅学习,练习磨出 100 多把不同功能和材质的刀具,并掌握了不同刀具的特性。这些年,他磨出的刀具有上千把,无论加工多么难的零部件,他都能找到合适的刀具。由他磨出的刀具表面质量好、精度高,加工出来的零部件光亮平整,而且刀具的使用寿命比一般刀具多了 1 倍。

一些发动机零部件要求的加工精度为 0.003 mm,而现有数控机床的精度只能达到 0.005 mm。为此,洪家光练就出一身感知 0.001 mm 粗糙度变化的本领。反复实验操作中,洪家光发现,每次细微调整参数,切削面的颜色和亮度都有变化,产生的火花大小和颜色也有所不同,为了找出最优的加工方式,他就一次次调整 0.001 mm,用眼睛看变化,记录下来,再调整。经过成百上千次试加工,将遇到的情况详细记录了 10 万余字的笔记,最终整理出加工心得。

为了练出炉火纯青的手感,洪家光废寝忘食,工友们戏称他为痴迷刀法的"洪疯子"。

20 年来,洪家光共完成 200 多项技术革新,解决了 340 多个技术难题。他是"洪家光劳模创新工作室"的领衔人,仅 2015—2017 年,工作室便获得实用新型专利 28 项、发明专利 6 项、完成技术创新和攻关项目 82 项、成果转化 61 项,解决临时技术难题 63 项,创造价值上亿元。

资料来源:辽宁高校党建《先锋》(2018 年 12 月 14 日)

最美劳动者——徐虎

晚上 7 点,对绝大多数家庭来说,是全家团聚、共享晚餐的温馨时刻。然而,在 20 世纪 80 年代,上海西北部一片陈旧的居民区里,却总能见到一个戴着深度近视眼镜的男子,背着工具包,骑着一辆自行车,穿梭在那窄窄的街巷深处。在长达十几年的时间里,华灯初上之际,这个骑着自行车的背影,温暖了无数上海人的心灵。他名叫徐虎,被人亲切地称作"19 点钟的太阳"。

1975 年,徐虎从郊区农村来到上海城区,成为普陀区中山北路房管所一名普通水电修理工,工作就是通马桶、修电灯、换电线,每天重复。

1985 年 6 月 23 日,3 只有醒目标示的"水电急修特约报修箱"出现在徐虎所管辖的地区居委会、电话间、弄堂口,上面写着"凡附近公房居民遇到夜间水电急修,请写清地址,将纸条投入箱内,本人将热忱为您义务服务,开箱时间 19 点",落款为"中山房管所徐虎"。

晚上 7 点,从此成为徐虎生命中一个重要的时间。1985 年后的 10 多年间,他除了外出开会、住院开刀,从没有失信过。在这片陈旧居民区的 6000 多户居民看来,只要有徐虎在,他们就不会陷入缺水断电的困境。"辛苦我一人,方便千万家",这是徐虎给自己定下的人生信条。

在上海各行各业的服务热线中,24 小时"徐虎热线"的知名度、美誉度始终名列前茅。他把自己的专业技能和服务理念传授给徒弟,形成了广泛的"徐虎效应"。

资料来源:《人民日报》(2021 年 05 月 01 日 07 版)

第7章 装　　配

7.1　装配概述

按照规定的技术要求,将若干个零件组合成部件的工艺过程称为部件装配,将若干个零件和部件组合成半成品或成品的工艺过程称为总装配,统称装配。装配是整个产品制造过程的最后工序。通过装配才能形成最终的产品,并保证它具有规定的精度和设计确定的使用功能以及质量等。

装配工艺的主要问题是:用什么装配方法以及如何以最经济合理的零件加工精度和最少的劳动来达到要求的装配精度。装配工艺选择得正确与否对整个产品的质量起着决定性作用。如果装配不当,即使所有的零件加工质量合格,也不一定能够生产出合格、优质的产品。相反,某些加工质量并不很高的零件或部件,经过高质量的装配工作(如仔细地修配和精确地调整),仍有可能生产出良好的产品。

装配工作是一项非常重要而细致的工作,能够弥补零、部件加工的不足,必须严格地按照产品装配图和技术要求,为其制订合理的装配工艺规程。采用科学的装配工艺,才能提高装配精度,达到生产出质量优良产品的目的。

7.1.1　装配的作用

装配是机械制造生产过程的最后环节。一台机器质量的好坏,固然很大程度上取决于零件的加工质量,但如果装配方法不正确,即使有高质量的零件,也装配不出高质量的产品。装配不当会导致产品过早磨损,降低使用性能,甚至会造成机毁人亡的事故。例如一个小螺钉掉进机器中没有被发现,或者一个锁片没有锁好,就可能损坏整台机器。熟练的装配工人往往还能在装配时发现漏检的不合格零件,得以及时更换,从而可以避免事故的发生。因此,装配是生产中的重要环节。航空工厂的装配车间,在清洁和秩序等方面的要求比其他车间更严格。

学生进行装配实习的目的是:学习一般机器的装配和拆卸方法,复习并巩固对装配图的理解,加强对机器机构的感性认识。

7.1.2　装配的组合形式

零件是由一种材料制成的,它是整体的基本装配单位(这里没有把零件表面的镀层算作不同的材料)。

组件是由几个零件组成的,常常是预先组合好的,也作为基本单位进入装配。

部件是由零件和组件组成的、比较独立的部分,如车床上的床头箱、发动机中的变速箱等。

机器是由几种部件组装成的。按拆卸可能性和活动情况,零件之间的连接有以下四种形式:

（1）不可拆卸的固定连接，如焊接或铆接过的零件。

（2）不可拆卸的活动连接，如滚动轴承。

（3）可拆卸的固定连接，如用紧固件固定的各类零件。

（4）可拆卸的活动连接，如转动轴和轴承。

按加工来源不同，零件分为基本件（在本厂制造）、标准件、成件（由其他工厂协作加工）。

按本身的功能作用，零件分为机体、传动件（如齿轮和铀）、紧固件（如螺钉、螺母）和密封件（如密封垫）等。

7.2　装配过程与方法

7.2.1　工艺过程

产品的装配工艺过程一般分为以下 4 个阶段，各阶段又有相应的工作与要求，必须认真做好各阶段的工作，才能保证装配出合格产品。

1. 装配前的准备

研究和熟悉产品装配图及技术要求；熟悉产品结构、每个零部件的作用及它们之间相互连接的关系，查清它们的数量、重量及其装拆空间如何；确定装配方法、装配顺序及装配所需要的工具，然后领取零件并对零件进行清理、清洗（去掉零件上的毛刺、锈蚀切屑、油污及其他脏物），涂防护润滑油；对个别零件进行某些修配工作，对有特殊要求的零件进行平衡试验。

2. 装配工作

一般产品按要求进行装配即可。对于比较复杂的产品，其装配工作应分为部件装配和总装配两个阶段。

（1）部件装配是指产品在进入总装配之前的装配工作。凡是将两个以上的零件组合在一起，或将零件与组件组合在一起，使之成为一个装配单元的工艺过程均为部件装配，简称部装。把产品划分成若干个装配单元是保证缩短装配工作周期的基本措施。因此，划分成若干个装配单元，不仅可以在装配工作中组织平行装配作业、扩大装配工作面，而且还能使装配工作按流水线组织生产或组织协作生产。同时各装配单元能够预先调整试验，各部分可以以比较完善的状态参与总装配，有利于保证产品的装配质量。

（2）总装配是把零件和部件装配成最终产品的工艺过程，简称总装。产品的总装通常在工厂的装配车间（或装配工段）内进行。但是，在有些情况（如重型机体、大型汽轮机和大型泵等）下，产品在制造厂内只能进行部装工作，而最终的产品必须在产品的使用安装现场完成总装工作。

3. 调整、精度检验和试机

（1）调整工作是调节零件或机构的相互位置、配合间隙、结合松紧等。其目的是使机构或机器工作协调，如轴承间隙、镶条松紧、蜗轮轴向位置的调整等。

（2）精度检验包括工作精度检验、几何精度检验等。如车床总装后要检验主轴中心线和床身导轨的平行度误差、中滑板导轨和主轴中心线垂直度误差以及前后两顶尖的等高度误差等。工作精度检验一般指切削试验，如车床进行车圆柱面、车端面及车螺纹试验。

（3）试机包括机构或机器运转的灵活性、工作温升、密封性、振动、噪声、转速、功率和寿命等方面的检查。

4.喷漆、涂防锈油和装箱

喷漆是为了防止不加工表面锈蚀,以及使机器外表美观。涂防锈油的目的是使机器的工作表面及零件的已加工表面不生锈。装箱是为了便于运输。它们也都需要结合装配工序进行。

7.2.2　装配的组织形式

装配作业组织得好坏,对装配效率和周期都有较大影响。根据产品结构特点(尺寸大小、质量轻重)和企业生产批量即可决定装配作业的组织形式。它一般分为固定式装配和移动式装配两种形式。

1.固定式装配

固定式装配是将产品或部件的全部装配工作安排在一个固定的工作地上进行。装配过程中所需的零部件位置不变,都汇集在工作地附近。当产品批量大时,为提高工效,可将产品的部装和总装分别让几组工人在不同的工作地同时进行。例如,成批生产车床的装配,可分为主轴箱、进给箱、溜板箱、刀架和尾座等部件装配以及车床整机的总装配。

在小批量生产中那些不便移动的重型机械设备,或因机体刚度较差,装配移动会影响装配精度的产品时,都宜采用固定式装配。

2.移动式装配

移动式装配是将产品或部件置于装配线上,通过连续或间歇的位移使其顺序经过各装配工作地完成全部装配工作。对于批量大的定型产品,还可设计自动装配线装配。例如轿车就是在总装配流水线上,每几分钟总装一辆轿车。

7.2.3　装配工艺规程

1.编制装配工艺规程所需的原始资料

产品的装配工艺规程是在一定的生产条件下,用来指导产品的装配工作的工艺文件。装配工艺规程的编制必须依照产品的特点和要求以及生产规模来进行。编制装配工艺规程时,需要下列原始资料。

(1)产品的总装配图、部件装配图以及主要零件的工作图。产品的结构在很大程度上决定了产品的装配顺序和方法。分析总装配图、部件装配图及零件工作图,可以深入了解产品的结构和工作性能,同时了解产品中各零件的工作条件以及它们相互之间的配合要求。分析装配图还可以发现产品装配工艺性是否合理,从而给设计者提出改进意见。

(2)零件明细表。零件的明细表中列有零件名称、件数、材料等,可以帮助分析产品结构,同时也是制订工艺文件的重要原始资料。

(3)产品验收技术条件。产品的验收技术条件是产品的质量标准和验收依据,是编制装配工艺规程的主要依据。为了达到验收的技术要求,还必须对较小的装配单元提出一定的技术要求,才能达到整个产品的技术要求。

(4)产品的生产规模。生产规模基本上决定了装配的组织形式,在很大程度上决定了所需的装配工具和合理的装配方法。

2．装配工艺规程的内容

装配工艺规程是装配的指导性文件，是工人进行装配工作的依据，必须具备下列内容。

（1）规定所有的零件和部件的装配顺序。

（2）对所有的装配单元的零件，规定出既能保证装配精度，又能让生产效率达到最高和最经济的装配方法。

（3）划分工序，确定装配工序内容、装配要点及注意事项。

（4）决定必需的工人技术等级和工时定额。

（5）选择完整的装配工作所必需的工具及装配用的设备。

（6）确定装配方法和装配技术条件。

3．编制装配工艺规程的步骤

掌握了充足的原始资料以后，就可以着手编制装配工艺规程。编制步骤如下：

（1）分析装配图［某循环冷却水泵的装配图见附录（第 143 页）］。了解产品的结构特点，确定装配方法（相关尺寸链和选择尺寸链的方法）。

（2）决定装配的组织形式。根据工厂的生产规模和产品结构特点，决定装配的组织形式。

（3）确定装配顺序。装配顺序基本上是由产品的结构和装配组织形式决定的。产品的装配总是从基准件开始，从零件到部件，从部件到产品，从内到外、从下到上，以不影响下道工序的进行为原则，有次序地进行。

4．划分工序

在划分工序时要考虑以下几点：

（1）首先安排预处理和预装配工序。

（2）先行工序不妨碍后续工序的进行，要遵循"先里后外""先下后上""先易后难"的装配顺序。装配基准件通常应是产品的基体、箱体或主干零部件（如主轴等），它们的体积和质量较大，有足够的支承面；开始装配时，基准件上有较开阔的安装、调整、检测空间，有利于满足装配作业的需要，并可满足重心始终处于最稳定的状态。

（3）后续工序不应损坏先行工序的装配质量，具有冲击性、有较大压力、需要变温的装配作业以及补充加工工序等，应尽量安排在前面进行。

（4）处于与基准同一方向的装配工序应尽可能集中连续安排，使装配过程中部件翻、转位的次数尽量少些。

（5）使用统一装配工装设备，以及对装配环境有相同特殊要求的工序尽可能集中安排，以减少待装配件在车间的迂回和重复设置设备。

（6）及时安排检验工序，特别是在对产品质量和性能影响较大的装配工序之后，以及各部件在总装之前和装成产品之后，均必须安排严格检验，并进行必要的试验。

（7）易燃、易爆、易碎、有毒物质或零部件的装配，尽可能集中在专门的装配工作地进行，并安排在最后装配，以减少污染，减少安全防护设备和工作量。

（8）在采用流水线装配时，整个装配工艺过程划分为多少道工序，必须取决于装配周期的长短。

（9）部件的重要部分，在装配工序完成后必须加以检查，以保证所需质量。在重要而又复杂的装配工序中，不易用文字明确表达时，还必须画出部件局部的指导性装配图。

5. 选择工艺装备

工艺装备应根据产品的结构特点和生产规模来选择,要尽可能选择最先进的工具和设备。例如对于过盈连接,要考虑选用压配法还是热装或冷装法,校正时采用何种找准方法,如何调整等。若在某种机体(如车床身)上,需装配多个部件(如主轴箱、进给箱、溜板箱等),通常的单台装配法是先将这些部件分别装配好,然后装到机体上的相应位置,经检测、校正、定位后紧固再配合销孔等。这样装配不仅劳动强度大,也不利于装配调整,而且必须等待部装全部结束,方能进行总装,生产周期长。这里推荐一种适用于批量生产和大型机体装配的新工艺——空箱定位装配工艺,该工艺操作轻便灵活,易于调整。它是在各部件装配的同时,利用标准空箱体作辅助定位工具,分别置于机体上的装配位置,待各空箱的尺寸位置校正好后,将空箱体上的螺钉光孔配划于机体上,做好配划标记,再进行总装。实践证明,空箱定位装配具有以下优点:

(1)各部件间的定位精度高,与装配总推的平行度和垂直度都较好,使装好的产品手动部分轻便灵活;

(2)应用范围较广,不论新产品试制或批量生产都很实用;

(3)由于空箱定位能使用空箱配划钻孔位置,而不是将各自部件装配后多箱配钻,所以装配作业面积小,并可单箱吊往钻床上配钻孔和攻螺纹,代替用电钻配钻,保证钻孔精度;

(4)空箱定位装配时要增加少量定位辅具,但它的制造精度要求不高,简单易行,一般只需几根通用的工艺轴和工艺套即可实现。

6. 确定检查方法

检查方法应根据产品的结构特点和生产规模来选择,要尽可能选用先进的检查方法。

7. 确定工人技术等级和工时定额

工人技术等级和工时定额一般都根据工厂的实际经验、统计资料及现场实际情况来确定。

8. 编写工艺文件

装配工艺技术主要是装配工艺卡(有时需编制更详细的装配工序卡),它包含着完成装配工艺过程所必需的一切资料。

编制的装配规程,在保证装配质量的前提下,必须是生产效率最高而又最经济的,所以必须根据具体条件来选择装配方案和制定装配工艺,尽量采用最先进的技术。

7.2.4　装配方法

装配时要使产品装配符合技术指标,就必须保证零件、组件、部件间按规定的要求配合。由于产品的结构、生产条件和批量不同,采用的装配方法也不一样。

(1)互换法即在装配时,各个零件不需要经过任何修整、选择,只需随意选取就能保证达到预定的装配精度。其优点是装配操作简单,易于掌握,生产效率高,便于流水作业,零件更换方便。缺点是对零件的加工精度要求高。

(2)选配法是将零件的制造公差适当放宽,分成若干组,然后选取其中尺寸相当的零件进行装配,以达到配合要求。

(3)修配法装配过程中,修去某一配合件上的预留量,使零件达到装配精度。这种由钳工边修边装的方法称为修配法。其优点是零件加工精度低、成本低,但装配难度大,装配时间长,适用于单件或小批量生产。如车床尾座用刮削的方法来达到装配精度。

（4）调整法与修配法的原理相似，它用更换零件改变其尺寸大小或相对位置，从而消除相关零件在装配过程中形成的累积误差，达到装配精度要求，如用不同尺寸的可换垫片、衬套、可调螺丝、镶条等进行调整。该方法常会降低部件的刚度，有时会使部件的位置精度降低。

7.2.5　装配原则

（1）先里后外。先安装内部零件、组件、部件等，再安装外部件，里外不干涉，先安装部分不致成为后续装配作业的障碍。

（2）先下后上。先安装机器的下部件，再安装上部件，以保证机器支撑位置的稳定及保持重心的稳定。

（3）先重大后倒。先安装机器的机身或机架等基础件，再把其他部件安装在基础件上面。

（4）先难后易。先安装难度较大的零部件，以便机器的调整和检查。

（5）先精密后一般。先安装精密的零部件，再安装低精度的零部件，以保证精度。

（6）其他的装配穿插其中。电气元件、线路及油路、气路元器件的安装必须适当安排在装配之中，以提高效率，避免返工。

（7）装配完后。须及时安排检测工序，保证工序质量，检查装配是否正确，然后才能进行试验、试机及鉴定。

（8）带强力、加温或补充加工的装配作业应尽量先行，做好准备，集中装配，以免影响前面工序的装配质量。

（9）处于基准同方位的装配工序，或使用同一工装，或具有特殊环境要求的工序可集中连续安排，有利于提高装配效率。

（10）易燃、易碎或有毒部件的安装，应尽量放在最后。

7.3　常见零件的连接及拆装工具

7.3.1　零件连接的种类

在装配的过程中，零件与零件有不同的连接形式，装配前必须认真分析零件连接的形式：

固定连接 { 可拆卸的固定连接（螺纹、键、销） / 不可拆卸的固定连接（铆接、焊接、黏结、压合）

活动连接 { 可拆卸的活动连接（轴与轴承、丝杆与螺母） / 不可拆卸的活动连接（剪刀、钳子、轴承）

7.3.2　螺纹连接

螺纹连接是一种可拆的固定连接，它具有结构简单、连接可靠、装拆方便等优点，在机械中应用广泛。螺纹连接分为普通螺纹连接和特殊螺纹连接两大类，由螺栓、双头螺柱或螺钉构成的连接称为普通螺纹连接，除此之外的螺纹连接称为特殊螺纹连接。

1. 螺纹连接装配技术要点

（1）保证有一定的拧紧力矩。螺纹连接为达到连接可靠和紧固的目的，要求纹牙间有一定摩擦力矩，所以螺纹连接装配时应有一定的拧紧力矩，纹牙间产生足够的预紧力。

(2)有可靠的放松装置。螺纹连接一般都具有自锁性,在静载荷下不会自行松脱。但在冲击、振动或交变载荷下,纹牙之间的正压力会突然减小,使摩擦力减小,以致摩擦力矩减小,螺母回转,使螺纹连接松动。

2.螺纹防松

机器在使用过程中,螺纹连接可能会由于振动而松弛。一旦稍有松弛、脱落,是很危险的。因此,在重要的机器上各处紧固件常要采取防松措施。螺纹连接应有可靠的防松装置,以防止摩擦力矩减小和螺母回转。常用螺纹防松装置有附加摩擦力防松、机械方法防松和永久防松三类。

(1)附加摩擦力防松。

1)锁紧螺母(双螺母)防松[见图 7-1(a)]。这种装置使用了主、副两个螺母。先将主螺母拧紧至预定位置,然后再拧紧副螺母。当拧紧副螺母后,在主、副螺母之间这段螺杆因受拉伸长,使主、副螺母分别与螺纹牙型的两个侧面接触,产生正压力和摩擦力。当螺杆再受某个方向的突加载荷时,就能始终保持足够的摩擦力,从而起到防松的作用。

这种防松装置由于要用两个螺母,结构尺寸和重量增加,一般用于低速重载或较平稳的场合。

2)弹簧垫圈防松[见图 7-1(e)]。这种垫圈用弹性较好的材料 65Mn 制成,开成 70°~80°的斜口,并在斜口处上下拨开。把弹簧垫圈放在螺母下,当拧紧螺母时,垫圈受力,产生弹力,顶住螺母,从而在螺纹副的接触面之间产生附加摩擦力,以防止螺母松动。同时,斜口的楔角分别抵住螺母和支承面,也有助于防止回松。

这种防松装置容易刮伤螺母和被连接件表面,同时由于弹力分布不均,螺母容易偏斜。它结构简单,防松可靠,一般应用在不经常装拆的场合。

(2)机械方法防松。

这类防松装置是利用机械方法使螺母与螺栓(或螺钉)、螺母与被连接件互相锁牢,以达到防松的目的。常用的有以下几种:

1)开口销与带槽螺母防松[见图-1(b)]。这种装置是开口销把螺母直接锁在螺栓上,它防松可靠,但螺杆上销孔位置不易与螺母最佳锁紧位置的槽口吻合,多用于变载、震动处。

2)串联钢丝防松[见图 7-1(c)]。用钢丝连续穿过一组螺钉头部的径向小孔(或螺母和螺栓的径向小孔),以钢丝的牵制作用来防止回松。它适用于布置较紧凑的成组螺纹连接。装配时应注意钢丝的穿绕方向。

3)止动垫圈防松[见图 7-1(d)]。装配时,先把垫圈的内翅插入螺杆槽中,然后拧紧螺母,再把外翅弯入螺母的外缺口内。当拧紧螺母后,将垫圈的耳边弯折,并与螺母贴紧。这种方法防松可靠,但只能用于连接部分可容纳弯耳的场合。

(3)永久防松。

1)焊接防松。螺母拧紧后将螺母与螺栓外露部分点焊为一体。

2)冲点防松[见图 7-1(f)]。螺母拧紧后用冲头在螺栓末端与螺母的旋合处冲点,破坏螺纹牙,使二者无法相对转动。

3)黏结防松。将螺母与螺栓的旋合部位涂黏结剂,固化后黏结为一体,该方法不破坏精度和对中性,无附加零件,工作可靠。

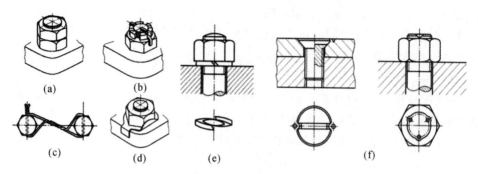

图 7-1　放松结构

(a)双螺母防松；　(b)开口销防松；　(c)串联钢丝绳防松；

(d)止推垫圈防松；　(e)弹簧垫圈防松；　(f)冲点防松。

3.常见的拆装工具

最常见的紧固件是各种螺钉、螺母,它们多数是标准件。装卸螺钉、螺母常用的工具有扳手和螺丝刀(又名改锥)。扳手分通用扳手和专用扳手两种。通用扳手有固定开口扳手、活动扳手、套筒扳手和力矩扳手等(见图 7-2)。专用扳手是根据机器的特殊要求制造的。

一般情况下,装配螺纹时尽可能使用专用扳手,修理或单件生产可用通用扳手,但尽量不用活动扳手,因为活动扳手容易打滑,易把零件上的六角棱角搞坏,而且也不易控制螺丝的紧固力矩。扳手杆的长度是有一定的规格的,它随开口大小而异。这是为了用手拧紧螺纹连接时,取得大体合适的力矩。力矩过小,容易使螺丝松动而造成事故,但力矩过大则可能在使用时发生螺钉断裂,同样会造成严重的事故。因此,一般在操作中不允许任意加长扳手杆的长度。在精机器装配中,紧固件要用扳手拧紧。

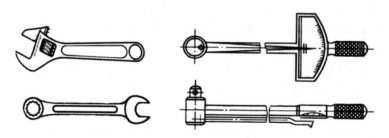

图 7-2　通用扳手

成组螺栓是机械产品中最常用的紧固方式之一,在拆卸和安装时要注意按对角线交叉并均匀地拧紧各螺纹连接件。不允许先把一边拧紧再拧另一边,否则容易把零件装歪而达不到装配的精度要求。拆卸时遵循"对角拆卸、先松后拆、从中间向左右扩充"的原则。

7.4　拆卸机器的注意事项

机器使用一段时间以后,要进行检查和修理,这时就要对机器进行拆卸。拆卸的一般步骤和注意事项如下:

(1)拆卸前必须对机器的结构有充分的了解。初次拆卸要仔细研究机器的装配图,要防止因拆卸方法错误而损坏机器。需要修理的机器要事先把故障了解清楚,必要时要做检验记录,以便与修理后的检验结果相比较。

（2）拆卸前应该放空全部润滑油。

（3）拆卸步骤一般和装配相反,即后装的先拆。

（4）拆卸时要记住每个零件的原来位置,防止装错。零件拆下以后,要摆放整齐,有条不紊。即使是相同的零件,也最好各自恢复到原来位置上。例如松开螺母,卸下零件以后,常常把螺母暂时放在原来的螺栓上。这样做,既可以恢复原位又可以防止丢失。

（5）紧配的零件拆卸时要用专用的工具。需要用手锤敲击时,不准用铁锤直接敲击零件,可用铜锤（或铝锤、木槌）敲击,或者用软材料垫在零件上敲,以防损坏零件。

（6）拆下的零件要进行清洗。清洗剂通常用汽油或煤油。有疵病的零件进行修理以后,还要再清洗干净才能装配。

（7）紧固件上的防松装置（如开口销、锁片等）,通常在拆卸后都要更换,以防止这些零件在使用时折断而造成重大事故。

（8）有些难拆的零件,在设计时已经采取了便于拆卸的措施,例如在零件上增加了顶出螺丝孔,只要用合适的螺钉就能把零件顶出。

7.5　减速器的装配操作过程指导

减速器装配操作过程指导见表 7-1。

表 7-1　减速器装配操作过程

学时	序号	教学形式	教学内容	教学目的	课时
半天	1	教师讲授	（1）确认教学班级,由组长清点;（2）装配安全操作规程讲解;（3）装配基本知识讲解	使学生了解装配的定义、方法,了解装配的发展历史,掌握装配常用工具的使用	8:30—9:15 课间休息
	2	讲授示范	（1）装配体的装配关键技术;（2）设备、工具、量具的使用说明;（3）装配体测绘案例分析;（4）布置实习任务	掌握设备的使用方法;通过相似案例的分析,能够独立地完成装配实习的整个环节	9:25—10:10 课间休息 10:30—11:15 课间休息
	3	多媒体教学	教学视频演示汽车发动机装配、飞机制造装配等过程	通过与前沿性科技相结合,加深学生对产品装配的认识	11:25—12:10
半天	1	讲授演示	示范讲解装配实体的装配过程	通过装配体的演示,进一步明确设备的使用方法和注意事项	14:00—14:45 课间休息
	2	实践操作	学生分组对装配体进行拆解	锻炼学生的实践操作能力,培养良好的产品装配习惯	14:55—15:40 课间休息
	3	实践操作	对装配体零件进行测绘,绘制装配图,填写实习任务卡	掌握常用测量工具的使用方法,培养学生工程综合能力	16:00—17:00
半天	1	实践操作	对装配体零件进行测绘,绘制装配图,填写实习任务卡	掌握常用测量工具的使用方法,培养学生工程综合能力	8:30—11:15
	2	工作收尾	收工量具,整理工位,打扫工位及地面卫生	养成良好的工作习惯	11:25—12:10

7.5.1　实习目的

(1)熟悉减速器的结构,了解各组成零部件的结构及功用,并分析其结构工艺性。

(2)了解轴上零件的定位和固定、齿轮和轴承的润滑和密封方法;

(3)了解减速器的安装、拆卸、调整过程及方法。

(4)学习减速器主要参数的测定方法。

7.5.2　实习设备及工具

(1)装配用减速器。

(2)装配图1套。

(3)装拆工具1套(含游标卡尺、活动扳手、钢板尺、套管扳手、轴承退卸器、木锤等)。

7.5.3　减速器技术参数

1.单级直齿圆柱齿轮减速器

直齿圆柱齿轮:$m=2.5$ mm,$z_1=18$,$z_2=62$;中心距:$a=1\,000.09$ mm;传动比:$i=3.44$;中心高:$h=114$ mm;外形尺寸:320 mm×258 mm×210 mm。

2.单级斜齿圆柱齿轮减速器

斜齿圆柱齿轮:$m_n=2.5$ mm,$z_1=18$,$z_2=62$;螺旋角:$\beta=86°35'$;中心距:$a=1\,000.09$ mm;传动比:$i=3.44$;中心高:$h=100$ mm;外形尺寸:300 mm×180 mm×210 mm。

3.方形壳体单级圆柱齿轮减速器

直齿圆柱齿轮:$m=2$ mm,$z_1=20$,$z_2=58$;中心距:$a=780.09$ mm;传动比:$i=2.9$;中心高:$h=100$ mm;外形尺寸:230 mm×230 mm×180 mm。

4.单级圆锥齿轮减速器

直齿圆锥齿轮:$m=2.5$ mm,$z_1=20$,$z_2=58$,$\Sigma=90°$;传动比:$i=2.9$;中心高:$h=112$ mm;外形尺寸:380 mm×260 mm×220 mm。

5.展开式双级圆柱齿轮减速器

(1)高速级斜齿圆柱齿轮:$m_n=2$ mm,$z_1=24$,$z_2=76$;螺旋角:$\beta=14°40'12''$;中心距:$a=1\,010.09$ mm;高速级传动比:$i=3.17$。

(2)低速级直齿圆柱齿轮:$m=2.5$ mm,$z_3=20$,$z_4=68$;中心距:$a=1\,100.10$ mm;低速级传动比:$i=3.4$;总传动比:$i=10.77$;中心高:$h=114$ mm;外形尺寸:420 mm×145 mm×245 mm。

6.同轴式双级圆柱齿轮减速器

(1)高速级斜齿圆柱齿轮:$m_n=2$ mm,$z_1=28$,$z_2=82$;螺旋角:$\beta=13°1'23''$;中心距:$a=1\,120.15$ mm;高速级传动比:$i=2.93$。

（2）低速级斜齿圆柱齿轮：$m_n=2.5$ mm，$z_3=22$，$z_4=66$；螺旋角：$\beta=10°47'26''$；中心距：$a=1\,120.15$ mm；低速级传动比：$i=3$。

（3）总传动比：$i=8.79$；中心高：$h=128$ mm；外形尺寸：400 mm$\times325$ mm$\times290$ mm。

7. 分流式双级圆柱齿轮减速器

（1）高速级斜齿圆柱齿轮：$m_n=2.5$ mm，$z_1=20$，$z_2=68$；螺旋角：$\beta=14°40'12''$；中心距：$a=1\,010.09$ mm；高速级传动比：$i=3.4$。

（2）低速级直齿圆柱齿轮：$m=2$ mm，$z_3=24$，$z_4=76$；中心距：$a=1\,100.10$ mm；低速级传动比：$i=3.17$。

（3）总传动比：$i=10.77$；中心高：$h=120$ mm；外形尺寸：430 mm$\times330$ mm$\times250$ mm。

8. 圆锥—圆柱齿轮减速器

（1）直齿圆锥齿轮：$m=2.5$ mm，$z_1=24$，$z_2=52$，$\Sigma=90°$；高速级传动比：$i=2.17$。

（2）斜齿圆柱齿轮：$m_n=2$ mm，$z_3=23$，$z_4=76$；螺旋角：$\beta=10°50'38''$；中心距：$a=(100\pm0.09)$ mm；低速级传动比：$i=3.30$。

（3）总传动比：$i=7.16$；中心高：$h=128$ mm；外形尺寸：450 mm$\times290$ mm$\times240$ mm。

9. 下置式蜗杆蜗轮减速器

蜗杆：$z_1=1$，$q=10.5$；蜗轮：$z_2=34$，$m=4$ mm；螺旋角：右旋 $\beta=5°42'38''$；传动比：$i=34$；中心高：$h_1=75$ mm，$h_2=110$ mm；中心距：$a=(89\pm0.102)$ mm；外形尺寸：310 mm$\times240$ mm$\times310$ mm。

10. 上置式蜗杆蜗轮减速器

蜗杆：$z_1=1$，$q=10.5$；蜗轮：$z_2=34$，$m=4$ mm；螺旋角：右旋 $\beta=5°42'38''$；传动比：$i=34$；中心高：$h_1=110$ mm，$h_2=75$ mm；中心距：$a=(89\pm0.102)$ mm；外形尺寸：300 mm$\times230$ mm$\times302$ mm。

7.5.4　实习内容及步骤

（1）针对教师指定的一种减速器，观察其外形，用手分别转动输入轴、输出轴，体会转矩；用手轴向来回推动输入轴、输出轴，体会轴向窜动。

（2）根据提供的减速器拆装顺序，按要求操作。

（3）绘制减速器的部分零件图或草图，并按照要求回答问题。

减速器拆装顺序见表 7-2。

表 7-2　减速器拆装顺序

步　骤	拆卸零件	编　号	数量/个	使用工具	注意事项
第 1 步	M6 透视盖螺栓	35	4	8 号扳手	螺栓（钢）与机盖（铝）直接连接，在拆装时，用力应适当
第 2 步	透视盖	33	1		

续表

步　骤	拆卸零件	编　号	数量/个	使用工具	注意事项
第3步	M10透气塞螺母	34	1	活动扳手	
第4步	M8轴承端盖螺栓	9	16	10号套管	螺栓（钢）与机盖（铝）直接连接，在拆装时，用力应适当
第5步	轴承端盖	2/8/18/23	4		每当拧下一个端盖的螺栓时，应顺手将端盖取下
第6步	轴承端盖密封圈	17	4		位于端盖与壳体的连接处，可不用拆下
第7步	壳体连接螺栓 M8×65	30	6	活动扳手、14号套管或扳手	螺栓上装有螺母，应采用两个扳手拆卸，同组同学须配合扶着减速器，避免掉落砸伤
第8步	壳体连接螺栓 M8×25	37	4	活动扳手、14号套管或扳手	该螺栓上配有螺母，应使用两个扳手拆卸，旁边同学需用力扶着减速器，以防其滑落伤人
第9步	定位销	36	2	榔头、冲子	轻轻敲打，防止砸到人或机盖，待定位销松动时用手取下
第10步	机盖	31	1		放在合适位置，防止滑落
第11步	齿轮轴整套	6/24/25	1套		轴上有轴承和调整圈各2个，取下须双手配合，分别握住2个轴头处，水平取出，防止跌落，同时标记齿轮轴的方向
第12步	齿轮轴轴承	25	2		防止跌落
第13步	齿轮轴调整圈	24	2		注意其与轴承及轴肩的方向
第14步	输出轴整套	10/20/11	1套		其上有轴承2个、调整圈2个、齿轮1个，取下时应双手分别握在两个轴头处，水平取出，防止零件跌落并标记齿轮轴的方向
第15步	输出轴轴承	10	2		防止跌落
第16步	输出轴调整圈	20	2		注意其与轴承及轴肩的方向
第17步	输出半轴齿轮	13	1		防止跌落
第18步	键	12	1		其位于齿轮与轴的配合处，体积小，防止丢失
第19步	油塞	15/16	1	活口扳手	位于机座底部放油孔处，上有密封圈，可不拆
第20步	油面指示标	14	1		

7.5.5 注意事项

(1)未经教师允许,不得将减速器搬离工作台。

(2)拆下的零件及工具要放稳,分类摆放,避免掉下砸脚,防止丢失。

(3)装拆滚动轴承时,应用专用工具,装拆力不得通过滚动体。

(4)拆卸纸垫时应小心,避免撕坏。

(5)每个参数应测 3 次,取平均值。

(6)确定装配顺序,仔细装配复原,清理工具和现场。

7.5.6 测量减速器的各类零件参数

一级减速器测量参数见表 7-3。

表 7-3 一级减速器测量参数

	名称	符号	数值		名称	符号	数值
大齿轮	齿数	Z_2		齿轮轴	齿数	z_4	
	齿顶圆直径	d_{a1}			齿顶圆直径	d_{a4}	
	齿根圆直径	d_{f2}			齿根圆直径	d_{f2}	
	分度圆直径	d_2			分度圆直径	d_2	
	齿宽	l			齿宽	l	
中心距		a		模数		m	
传动比		i		中心高		H	
输入轴	最小直径	d_1		输出轴	最小直径	d_1	
	直径	d_2			直径	d_2	
	直径	d_3			直径	d_3	
	直径	d_4			直径	d_4	
	最大直径	d_5			最大直径	d_5	
输入轴轴承	型号			输出轴轴承	型号		
	外径	D_1			外径	D_1	
	内径	d_1			内径	d_1	
	宽度	B_1			宽度	B_3	
	支承跨距	L_1			支承跨距	L_3	

二级减速器测量参数见表 7 - 4。

表 7 - 4　二级减速器测量参数

名　称			符　号	数　值	名　称			符　号	数　值
高速级	小齿轮	齿数	z_1		低速级	小齿轮	齿数	z_1	
		齿顶圆直径	d_{a1}				齿顶圆直径	d_{a3}	
		齿根圆直径	d_{f1}				齿根圆直径	d_{f3}	
		螺旋角、旋向	β_1				螺旋角、旋向	β_3	
		分度圆直径	d_1				分度圆直径	d_3	
	大齿轮	齿数	z_2			大齿轮	齿数	z_4	
		齿顶圆直径	d_{a1}				齿顶圆直径	d_{a4}	
		齿根圆直径	d_{f2}				齿根圆直径	d_{f2}	
		螺旋角、旋向	β_2				螺旋角、旋向	β_4	
		分度圆直径	d_2				分度圆直径	d_2	
	模数	端面	m_1			模数	端面	m_1	
		法面	m_n				法面	m_n	
	中心距		a_1			中心距		a_2	
	传动比		i_1			传动比		i_2	
中心高			H		中间轴轴承	型号			
总传动比			i			外径		D_2	
输入轴最小直径			d_1			内径		d_2	
中间轴最小直径			d_2			宽度		B_2	
输出轴最小直径			d_3			支承跨距		L_2	
输入轴轴承	型号				输入轴轴承	型号			
	外径		D_1			外径		D_3	
	内径		d_1			内径		d_3	
	宽度		B_1			宽度		B_3	
	支承跨距		L_1			支承跨距		L_3	

7.5.7　减速器装配评分标准

减速器装配评分标准见表 7 - 5。

表 7－5　减速器装配评分标准

考核内容	考核点	分值	考核标准
拆卸	拆卸工艺路线图	10	制订拆卸工艺路线图,拆卸工艺路线正确,并在拆装时按照该路线执行
	拆卸过程	20	按拆卸工艺路线图拆卸,工具使用正确,零件摆放整齐、正确。出现违规操作一处扣 2 分
测量	测量参数	20	测量参数表中所有的数据(单位以 1 mm 计),尺寸偏差超过±0.5 mm,每处扣 1 分,超过±1 mm 不得分
装配	装配工艺方案	10	正确反映轴与齿轮、轴与轴承、轴与联轴器、主动轴与从动轴的配合关系。错误或漏掉,每处扣 1 分
	装配工艺实施	30	按照装配工艺方案正确实施装配过程,工量具使用方法正确,零件摆放正确,机械故障处理正确;减速器的箱体和内部的大多数零件属于硬铝材料,拆装时应注意,防止磕碰、砸伤;在上紧螺丝时,预紧力不宜太大,稍用力带上即可。错或漏扣 2 分/处
行为规范		5	资料收集、工具使用、工艺文件、动作规范、场地规范。不足酌情扣分
职业素养		5	有良好的团队精神、安全意识、责任心、职业行为习惯
超时			每超时 10 min 在本项目总分中扣除 2 分;超过 30 min 本项目不及格
附加题	二级减速器		时间充足的学生可选择拆装,酌情加分,总分不得超过 100 分

思政课堂——秦朝的标准化制度

　　早期的秦人由于给周王室养马有功,被周孝王封在秦地。商鞅变法后,迅速使得秦国从一个西方不起眼的弱国变成为"天子致胙""诸侯毕贺"的军事强国。其中有一个非常重要的因素就是武器的标准化。恩格斯指出"暴力的胜利是以武器生产为基础的"。目前世人认可的"现代工业标准化之父"是美国人惠特尼,他提出"可替换零件"和"标准化生产"理念,但是秦朝的标准化可以说是"令人发指"。

　　自 1974 年秦始皇陵兵马俑坑集出土一批秦兵器以来,关于秦兵器的研究,都发现了秦国兵器标准化制式的特点。同时在《睡虎地秦墓竹简·秦律十八种·工律》有记载:"为器同物者,其小大、短长、为计,不同程者毋同其出。"意思是说,制作同一种器物,其大小、长短和宽度必须一致,以便相互通用;计账时,不同规格的产品不得列于同一项内出账,应分门别类。

　　兵马俑出土的青铜剑依然非常锋利,在发现的 4 万枚三棱箭头箭镞中,只有 7 支与其他形制不同;在同形式的箭镞中,随机抽取 172 枚,同一镞不同主面的相应尺寸误差仅为几微米,同一镞和不同镞的主面轮廓的不重叠误差分别小于 0.15 mm 和 0.16 mm。与箭镞配合使用的发射器具弩机,从全部 28 套中抽取 13 套,发现各零件尺寸亦基本相同,特别是销和销孔的间

隙配合有较高精度,各个零件都可以互换,就连轮廓误差同样不超过 1 mm。在战场上,秦军士兵可以随时把损坏的弩机中仍旧完好的部件重新拼装使用,这样的标准堪比现代工业流水线的标准。在 2000 年前农业文明刚刚成熟的年代,秦军竟有类似于标准化生产的能力。同时代罗马帝国军队也就 5 万人左右,而秦国的军队人数达到百万以上。给百万军队提供同样标准的兵器,可见其兵工厂的规模。据《吕氏春秋》记载,丞相吕不韦采用"物勒工名"制度,每个兵器的制造者必须将自己的名字刻在上面,如果产品出了问题,便可以层层盘查最终连带受罚。秦国严刑峻法的力度是众所周知的,而这种实名制无疑让很多工匠殒命于此。其实当时秦国的标准化不止在武器上面,包括工匠烧制的秦砖,现在出土的兵马俑也是同样标准化,每一个都有工匠的名字都刻在上面。

资料来源:山川文社《兵马俑中出土的大量兵器,向后人揭示了秦一统六国的一个重要原因》
(2020 年 7 月 21 日)

在几千年历史长河中,中国人民始终辛勤劳作、发明创造。……今天,中国人民的创造精神正在前所未有地迸发出来,推动我国日新月异向前发展,大踏步走在世界前列。只要 13 亿多中国人民始终发扬这种伟大创造精神,我们就一定能够创造出一个又一个人间奇迹!
——习近平(在十三届全国人民代表大会第一次会议的讲话)

最美劳动者——王顺友

一个人、一匹马,四川木里藏族自治县马班邮路投递员王顺友在大山里一走就是几十年……在不通公路的深山里,王顺友是老百姓的信使,是党和人民的纽带。

王顺友生于 1965 年。20 岁那年,他从父亲手中接过缰绳,成了一名马班邮路投递员。王顺友负责从木里县城到保波乡邮路的投递工作,往返 360 公里,走一趟要 14 天,一个月要走两班。一年里,王顺友有 330 天都奔波在邮路上。

每一趟邮路,王顺友先要翻越海拔 5 000 米、一年中有 6 个月冰雪覆盖的察尔瓦山,接着又要走进海拔 1 000 米、气温高达 40 摄氏度的雅砻江河谷,中途还要穿越大大小小的原始森林和山峰沟梁。

在邮路上,王顺友饿了吃几口糌粑面,渴了喝几口山泉水,困了就睡在荒山岩洞。他从没抱怨,反而越来越感受到邮路的意义——它向山沟沟里的群众传递了信息,把党的声音和政策带到千家万户。

王顺友还热心为农民群众传递科技信息、致富信息,购买优良种子,为给群众捎去生产、生活用品,他甘愿绕路、贴钱、吃苦,和沿途各族群众结下了深厚感情。

看到邮路上乡亲们的日子一天天好起来,王顺友真的很高兴,又想唱上几句山歌了:"为人民服务不算苦,再苦再累都幸福!"

资料来源:《人民日报》(2021 年 05 月 01 日 07 版)

第8章 常用量具

零件在切削加工时,为了保证其加工精度,常常需要测量。由于零件有各种不同形状的表面,精度要求有高有低,因此需要根据测量要求来选择适当的量具。

8.1 卡 钳

卡钳有外卡钳(测量外部尺寸用)和内卡钳(测量内部尺寸用)两种,如图8－1所示。卡钳测得的结果,必须通过钢直尺或其他量具度量后,才能读出被测尺寸的数值(见图8－2)。

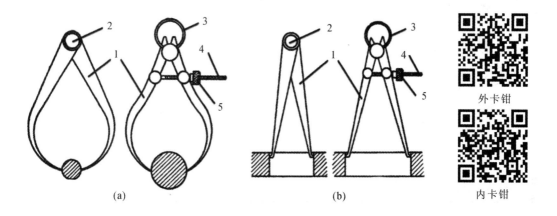

外卡钳

内卡钳

1—卡脚;2—螺钉;3—弹簧;4—螺栓;5—调整螺母

图8－1 卡钳

(a)普通外卡钳和弹簧外卡钳; (b)普通内卡钳和弹簧内卡钳

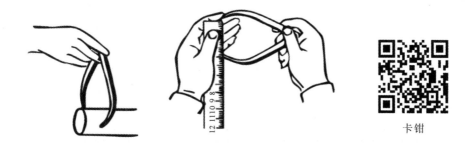

卡钳

图8－2 卡钳的使用方法

8.2 游 标 卡 尺

游标卡尺(见图8-3)是一种比较精密的量具,它可以直接量出工件的外径、内径、长度、孔深和孔距等尺寸。按其测量的范围,游标卡尺常用的规格有0～125 mm、0～200 mm 和0～300 mm 等。

游标卡尺上的副尺可沿主尺移动,与主尺配合构成两个量爪。副尺上有游标,与主尺刻度配合进行测量。制动螺钉可用来固定副尺在主尺上的位置,以便从工件上取下后正确读数。

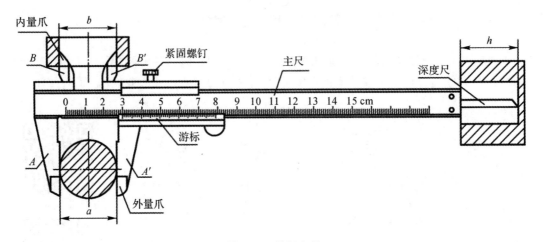

图 8-3 游标卡尺

8.2.1 游标卡尺的读数原理

游标卡尺由主尺身和游标副尺组成。当尺身、游标的测量爪闭合时,主尺身和游标副尺的零线对准,如图8-4(a)所示。游标副尺上有 n 个分格,它和主尺上的 $(n-1)$ 个分格的总长度相等,一般主尺上每一分格的长度为 1 mm,设游标上每一个分格的长度为 x,则有 $nx=n-1$,主尺上每一分格与游标上每一分格的差值为 $1-x=1/n$(mm),因而 $1/n$(mm)是游标卡尺的最小读数,即游标卡尺的分度值。若游标上有 20 个分格,则该游标卡尺的分度值为 $1/20=0.05$ (mm),这种游标卡尺称为 20 分游标卡尺;若游标上有 50 个分格,则该游标卡尺的分度值为 $1/50=0.02$ (mm),称这种游标卡尺为 50 分游标卡尺。实训中常用的是 50 分的游标卡尺。游标卡尺的仪器误差一般取游标卡尺的最小分度值。

游标量具是以游标零线为其线进行读数的。以 0.02 mm 游标卡尺为例,如图 8-4(b)所示,其读数方法分三个步骤。

(1)先读整数。根据游标零线以左的主尺身上的最近刻线读出整毫米数。

(2)再读小数。根据游标零线以右与主尺身刻线对齐的游标副尺上的刻线条数乘以游标卡尺的读数值(0.02 mm),即为毫米的小数。

(3)整数加小数。将上面整数和小数两部分读数相加,即为被测工件的总尺寸值。图8-4(b)所示尺寸为 10.36 mm。

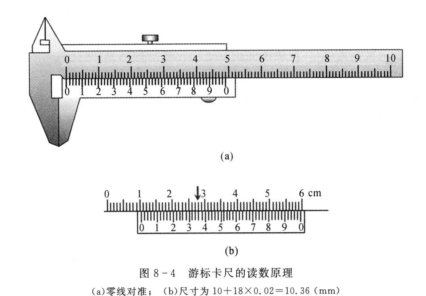

(a)

(b)

图 8 - 4　游标卡尺的读数原理

（a)零线对准；　(b)尺寸为 $10+18×0.02=10.36$（mm）

8.2.2　游标卡尺的正确使用

用游标卡尺测量应注意的事项：

(1)测量前,先用干净棉丝或软质白细布将卡尺擦干净,并检查卡尺测量面的刃口是否垂直,再校对零线。校对零线的方法是：右手大拇指慢慢推动尺框,使两测量面接触,看游标的 0 刻线与尺身的 0 刻线是否对正,再看游标的最后一条刻线是否与尺身的对应刻线对正,若都对正,说明该卡尺的零线正确,若不对正,则在测量时需对所测得的数值进行修正。由于游标卡尺无测力控制装置,使用时要特别注意测量力。当手感觉到两测量爪面与被测部位接触后,再稍加点力即可读数。量爪要放正,不得歪斜[见图 8 - 5(a)]。应在与零件轴线相垂直的平面内进行测量,否则将影响测量精度。游标卡尺用于测量已加工工件表面尺寸,表面粗糙的工件或正在运动的工件不宜用游标卡尺测量,以免量爪过快磨损。

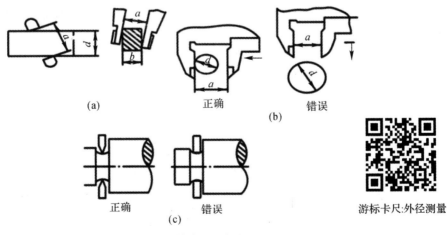

(a)

正确　　　　错误

(b)

正确　　　错误

(c)

游标卡尺:外径测量

图 8 - 5　测量外表面的方法

(2)测量外表面尺寸(如长度、外圆直径等)时,先将尺框向右拉,使两外测量爪测量面的距离比被测尺寸稍大,然后把被测部位放入游标卡尺的两测量面之间[见图8-5(b)];或把外测量爪的两刃口放入被测量部位,使被测部位贴近固定量爪的测量面,然后右手缓慢地推动尺框,用轻微压力使活动量爪接触工件,即可进行读数。测量外表面尺寸时,应当用量爪的平面部分进行测量。测量圆弧形沟槽尺寸或较窄的沟槽尺寸时,应当用刃口部分进行测量[见图8-5(c)]。切忌将量爪调节到接近或小于被测尺寸,强行卡入零件[见图8-5(b)]。

(3)测量内表面尺寸(如孔径、沟槽宽度等)时,两爪要放正[见图8-6(a)],同时应使两内测量爪测量面向的距离比被测尺寸稍小,然后将两爪伸入被测部位,缓慢地将尺框向右拉[见图8-6(b)]。当两测量爪的刃口都与被测表面轻微接触时,稍微摆动卡尺,使所测尺寸最大,然后拧紧紧固螺钉即可读数或取出卡尺读数。取出卡尺读数时,要顺着内壁滑出,不要歪斜。

注意:测量内表面尺寸时,绝不允许量爪两测量面间距比被测尺寸大或相等,而把量爪强制卡入被测表面。

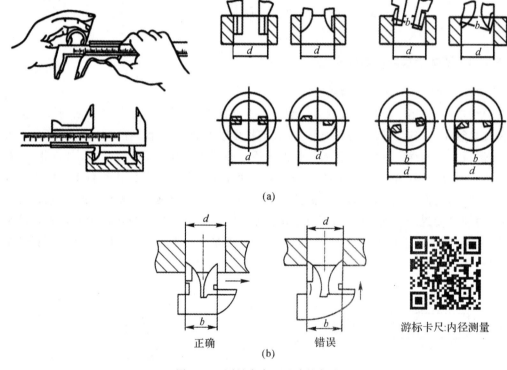

(a)

正确　　　　　　错误

(b)

图8-6　测量内表面尺寸的方法

(a)量爪要方正,不能斜放; (b)

游标卡尺:内径测量

(4)用游标卡尺的深度尺测量工件的深度尺寸时,要使尺身尾端端面与被测深度部位的端面垂直接触。游标卡尺要垂直于被测深度部位放置,不要前后左右歪斜(见图8-7)。右手握住卡尺,并用大拇指拉动尺框向下移动,直至手感到深度尺与槽底接触,即可进行读数。

(5)测量较大尺寸时,要用双手握住卡尺[见图8-8(a)]。测量较长工件时,应在长度方向上多个位置进行测量[见图8-8(b)],以获得

游标卡尺:深度测量

一个比较准确的测量结果。

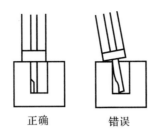

正确　　　错误

图 8 - 7　测量深度尺寸的方法

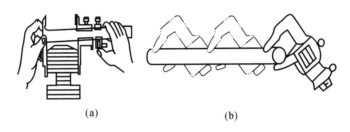

(a)　　　　　　　　(b)

图 8 - 8　测量较大、较长工件尺寸的方法

(a)较大尺寸；　(b)较长尺寸

8.2.3　其他游标卡尺简介

深度游标卡尺(见图 8 - 9)又称深度尺,用于测量沟槽、盲孔深度和台阶高度等尺寸。其刻线原理、读数方法和测量方法与游标卡尺相同。

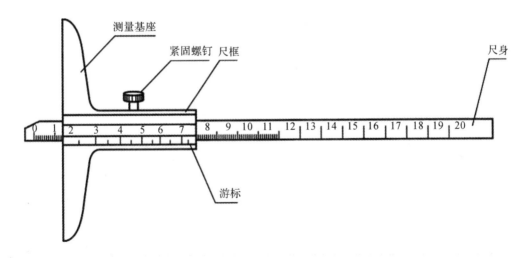

图 8 - 9　深度游标卡尺

高度游标卡尺(见图 8 - 10)又称高度尺,用于测量零件的高度和精密划线。它的结构特点是用质量较大的基座代替固定量爪,而动的尺框则通过横臂装有测量高度和划线用的量爪,量爪的测量面上镶有硬质合金,提高量爪使用寿命。高度游标卡尺的测量工作,应在平台上进

行。当量爪的测量面与基座的底平面位于同一平面时,如在同一平台平面上,主尺与游标的零线相互对准。因此,在测量高度时,量爪测量面的高度就是被测量零件的高度尺寸,它的具体数值与游标卡尺一样。应用高度游标卡尺划线时,调好划线高度,用紧固螺钉把尺框锁紧后,也应在平台上进行先调整再进行划线。

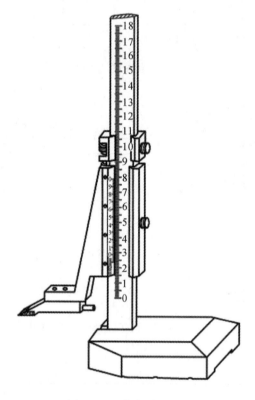

图 8-10　高度游标卡尺

8.3　千　分　尺

千分尺也称螺旋测微仪,是比游标卡尺更精确的量具,其测量精度为 0.01 mm。常用的有外径千分尺、内径千分尺、杠杆千分尺、深度千分尺等。

8.3.1　外径千分尺的结构

如图 8-11 所示,千分尺由弓形尺架、测微装置、测力装置和锁紧装置等组成。其中测微装置由测微螺杆、固定套筒和活动套筒(微分筒)等组成,固定套筒与弓形尺架紧固成一体。固定套件的外表面刻有尺寸线,每格为 1 mm。测微螺杆的可见端为测量杆,另一端与微分筒和测力装置相连。测力装置为一棘轮机构,当棘轮旋转时,带动测微螺杆和微分筒一起转动,直到测微螺杆的测量面紧贴零件,测微螺杆停止转动,此时再转动棘轮则会发出"咔咔"的响声。

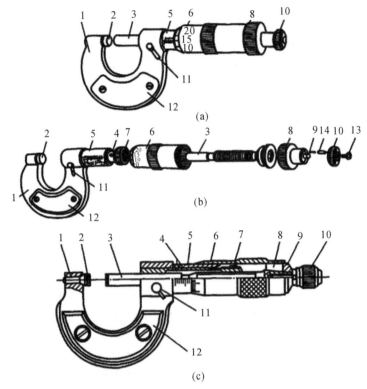

1—尺架；　2—测砧；　3—测微螺杆；　4—衬套；　5—固定套筒；　6—微分筒；　7—螺母；
8—罩壳；　9—弹簧；　10—棘轮；　11—手柄；　12—隔热装置；　13—螺钉；　14—棘爪

图 8-11　千分尺的结构

(a)外形；　(b)结构；　(c)剖面

8.3.2　千分尺的读数原理和读数方法

千分尺的固定套筒上刻有一条轴向刻线(作为微分筒读数的基准线)，在基准线两侧均匀地刻出两排刻线，每侧刻线间距均为 1 mm，上、下两侧相邻刻线的间距为 0.5 mm。测微螺杆上的螺纹为单线右螺纹，螺距为 0.5 mm。与测微螺杆一起转动的微分筒左锥面上均匀地刻有 50 格的刻度。当微分筒旋转一周时测微杆摆动 0.5mm。如果微分筒转过一格，则测微螺杆向移动 0.5÷50＝0.01(mm)。在实际测量时，千分尺的读数方法(见图 8-12)分为以下 3 步：

(1)先读固定套管上的刻度数，即读出微分筒锥体端面左边固定套管上的毫米刻度(应为 0.5 的整数倍)；

(2)再读微分筒上的圆周刻度数，即读出与固定套筒、基准线重合的微分筒的刻线序号，再乘以 0.01；

(3)然后将两个数相加，即为被测量工件的尺寸。

对于测量范围 500 mm 以内的千分尺，其测微螺杆的移动范围一般为 25 mm，所以千分尺的规格按测量范围可分为 0～25 mm，25～50 mm，50～75 mm，75～100 mm 等。

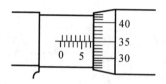

读数方法:固定套管 7 mm+微分套筒 35×0.01 mm=7.35 mm

图 8-12 千分尺的读数方法

8.3.3 千分尺的使用及注意事项

1.千分尺的使用

用千分尺测量时,应用双手操作,将工件夹牢或放稳后,左手拿住千分尺的弓形尺架,右手拇指和食指缓慢地旋转微分筒[见图 8-13(a)],当千分尺的两测量面与被测面接触时,再旋转测力装置,待发出"咔咔"声时即可读数。测量小工件时,允许用单手操作:右手无名指和小拇指握住千分尺,食指和大拇指旋转微分筒和测力装置[见图 8-13(b)],也可用右手小拇指和无名指将弓形尺架压向手心,食指和拇指旋转微分筒进行测量。但因这种方法食指和拇指不易够着测量力装置,而只能旋转微分筒,故其测量力的大小只能凭经验来控制。

(a)   (b)

图 8-13 千分尺的使用方法

(a)双手操作; (b)测量小零件的操作

2.千分尺使用注意事项

(1)测量前要根据测量尺寸的大小选用合适规格的千分尺。

(2)使用前要用干净棉丝将千分尺测量面擦干净,并检查微分筒刻线的零位是否对准,若没有对准,需调准后方可使用。

(3)为保证测量精度和延长千分尺的使用寿命,不允许测量正在旋转的工件及粗糙的表面。

(4)测量时,先旋转微分筒,当测量面接近被测表面时,改旋转测力装置,直至发出"咔咔"声为止。退出取下时,要旋转微分筒,而不允许旋转测力装置。

(5)测量前不准先锁紧测微螺杆,以防测微螺杆变形或磨损。

(6)读数时应防止多读或少读 0.5 mm,使用时可用游标卡尺配合。

8.3.4 内径千分尺

最常用的内径千分尺外形如图 8-14 所示,其固定套管上的刻线方向与外径千分尺相反。内径千分尺可用来测量工件内孔直径和沟槽宽度等尺寸,其测量范围有 5~30 mm,25~50 mm 两种。内径千分尺的读数方法和使用注意事项与外径千分尺的相同。

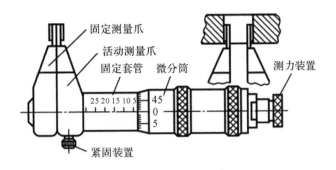

图 8 - 14　内径千分尺

8.3.5　其他千分尺

(1)带表的外径千分尺[见图 8 - 15],是用于测量大中型工件外尺寸的高精度量具。可以用微分筒一端和表头一端分别进行工件尺寸的测量。使用表头一端测量时,读数更直观、方便,并具有刚性好、变形小、精度高的特点。

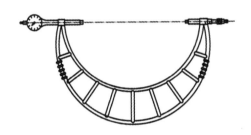

图 8 - 15　带表的外径千分尺

(2)数显外径千分尺如图 8 - 16 所示。

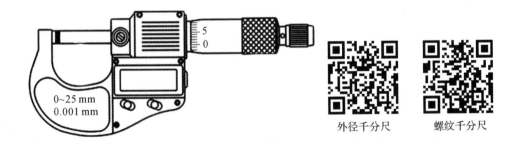

图 8 - 16　数显外径千分尺

外径千分尺　　螺纹千分尺

(3)公法线千分尺(见图 8 - 17),用于测量齿轮公法线长度,是一种通用的齿轮测量工具。
(4)螺纹千分尺(见图 8 - 18),具有 60° 锥型和 V 型测头,用于测量螺纹中径。
(5)深度千分尺(见图 8 - 19),用于机械加工中的深度、台阶等尺寸的测量。

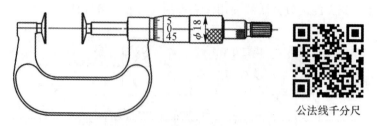

公法线千分尺

图 8-17　公法线千分尺

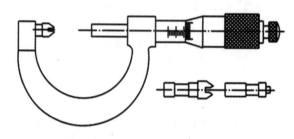

图 8-18　螺纹千分尺

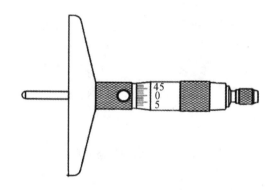

图 8-19　深度千分尺

8.4　百　分　表

百分表是应用很广的一种量具,主要用来校正机床精度、夹具或工件安装位置,检验零部件形位精度(如直线度、跳动公差等),还可用作比较测量。百分表的分度值为 0.01 mm,测量范围有 0~3 mm,0~5 mm,0~10 mm,0~30 mm,0~50 mm,0~100 mm,其中常用的是前三种规格。

8.4.1　百分表的结构

百分表是一种按比较法原理进行测量的精密量具,其结构如图 8-20 所示,它只能测出相对数值,不能测出绝对数值。以精度等级为 0.01 mm 的百分表为例,百分表的读数原理是当测杆向上(或向下)移动 0.01 mm 时,长指针沿顺时针(或逆时针)方向转过一小格,表示测杆移动 0.01 mm;当长指针转过一圈(100 小格)时,小指针刚好转过一格,表示测杆移动 1 mm。将两个指针转过的读数相加,则为测量所得的被测工件尺寸值。

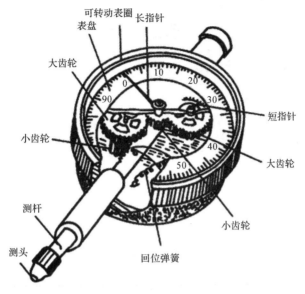

图 8-20　百分表的结构

8.4.2　工作原理

百分表的工作原理是,通过测杆上齿条与齿轮的传动配合,将测杆的直线运动转换成指针的角度偏移,根据指针偏移的角度,从刻度盘上读取测量值,如图 8-21 所示。

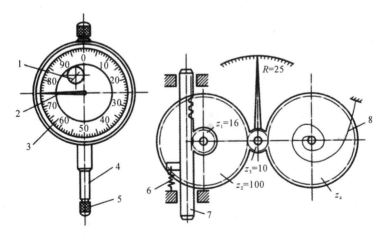

1—表盘;　2—大指针;　3—小指针;　4—测量杆;　5—测量头;　6—弹簧;　7—测量杆;　8—游

图 8-21　百分表工作原理

8.4.3　百分表的使用

百分表要用表架或其他装置夹持牢固才能使用。最常用的表架有磁力表架和万能表架。

固定百分表时,要在下轴套位置夹紧夹牢,但不能过紧,夹持后要检查副杆活动是否灵活(见图 8－22)。

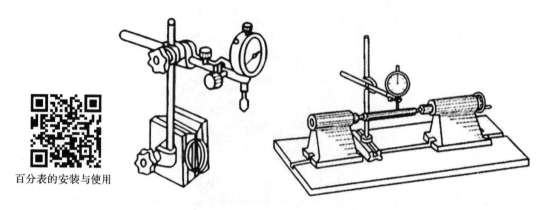

百分表的安装与使用

图 8－22　百分表的安装方法

8.4.4　百分表使用注意事项

(1)不得用百分表测量粗糙或肮脏的表面。夹持安装要稳妥,防止碰撞或掉落。

(2)测量时,测头的位置要正确,应先握住测帽将测杆向上提起,再将待测工件移至测头下,而后缓慢地放下测头。不应使测头撞击工件,更不能强行将工件推至测头下。不要使测杆移动范围超过其量程。

(3)读数时,视线应与表盘垂直。

(4)使用完毕,将百分表各部位擦干净后放入专用盒内,并让表内机构处于松弛状态。

(5)严禁油液或灰尘进入表内。

8.4.5　内径百分表

(1)内径百分表又称缸表,用来测量圆柱形内孔直径及圆度、圆柱度。它属于精密量具,加工缸套类零件时常用到。它由百分表、测头等组成,内径百分表的结构如图 8－23 所示。为适应测量不同尺寸,内径百分表附带数个可换测头,可换测头测量范围有 6～10 mm,10～18 mm,18～35 mm,35～50 mm,50～100 mm 等多种。定心板在测量中起定中心的作用,活动测头可以左右直线活动。当活动测头左右移动 0.01 mm 时,内部机构则推动百分表指针转过 1 格。

(2)用比较法测量圆柱孔直径时,测量步骤如下:

1)换上所需测头,并用环规校对零位。校对零位时,将缸表测头部分放入尺寸等于所测直径基本尺寸的环规内,摆动手柄几次,当找出百分表向顺时针方向摆动的极限点时,停止摆动,转动表盘使零刻线与长指针对正,再摆动几次,检查是否重合。

2)测量时,将已校对零位的缸表测头放入孔中,摆动缸表,找出顺时针方向摆动的极限点后,停止摆动并记下读数(以"＋""－"表示)。若长指针在 0 刻线的逆时针方向,则所测尺寸小于基准尺寸,即以负数形式读出,反之则以正数形式读出。

3)在内孔不同的轴向位置上多测几次,取所测数值的平均值作为该孔的内径尺寸。

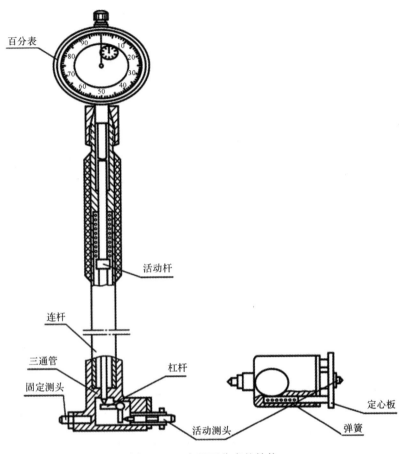

图 8-23　内径百分表的结构

8.5　万能角度尺

万能角度尺(见图 8-24)又被称为角度规、游标角度尺和万能量角器,它是利用游标读数原理来直接测量工件角或进行划线的一种角度量具。

8.5.1　工作原理

万能角度尺的读数机构是根据游标原理制成的。主尺刻线每格为 1°。游标的刻线是取主尺的 29°等分为 30 格,因此游标刻线角格为 29°/30,即主尺与游标一格的差值为 2′,也就是说万能角度尺读数准确度为 2′。其读数方法与游标卡尺完全相同。

万能角度尺
介绍及使用

8.5.2　使用方法

测量时应先校准零位,万能角度尺的零位是,当角尺与直尺均装上,而角尺的底边及基尺与直尺无间隙接触,主尺与游标的"0"线对准。调整好零位后,通过改变基尺、角尺、直尺的相互位置可测试 0～320°范围内的任意角,230°～320°测量角度的方法较少用,以下介绍 0°～230°测量角度的方法,如图 8 - 25 所示。

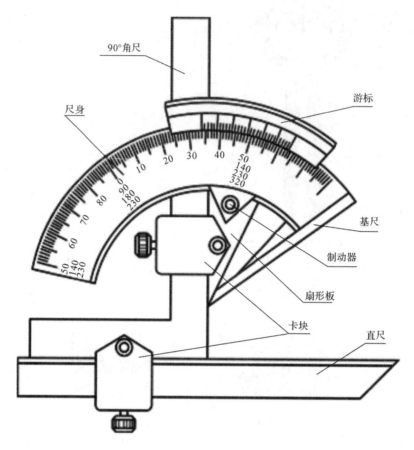

图 8 - 24　万能角度尺的结构

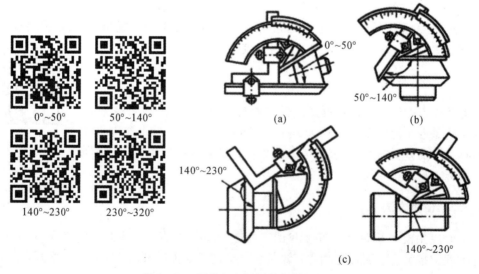

图 8 - 25　万能角度尺测量角度的方法

(1)检测 0°～50°时,装上直尺和 90°角尺,如图 8－25(a)所示;

(2)检测 50°～140°时,只装上直尺,如图 8－25(b)所示;

(3)检测 140°～230°时,只装上 90°角尺,如图 8－25(c)所示。

8.6 专 用 量 具

有些测量量具(如卡规、塞规、塞尺、环规等)不能读出被测零件的实际尺寸值,但能判断被测零件的形状以及尺寸等是否合格,这类量具被称为专用量具。

8.6.1 塞规

塞规是用来测量孔径或槽宽的。它的两端分别称为"通规"和"止规"。通规的长度较长,直径等于工件的下限尺寸(最小孔径或最小槽宽)。止规的长度较短,直径等于工件的上限尺寸。用塞规检验工件(见图 8－26)时,当通规能进入孔(或槽)时,说明孔径(或槽宽)大于最小极限尺寸;当止规不能进入孔(或槽)时,说明孔径(或槽宽)小于最大极限尺寸。只有当通规进得去,而止规进不去时,才说明工件的实际尺寸在公差范围之内,是合格的。否则,工件的尺寸不合格。

塞规介绍及使用

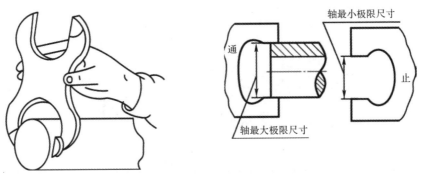

图 8－26 塞规检验工件

8.6.2 卡规

卡规是用来检验轴类零件外圆尺寸的量具,分为通规和止规。卡规的通端(过端)用于控制被测件的最大极限尺寸,止端用于控制被测件的最小极限尺寸,如图 8－27 所示。用卡规检验轴类工件时,如果通规通过且止规不能通过,说明该工件的尺寸在允许的公差范围内,是合格的;否则,不合格。

图 8－27 卡规检验工件

8.6.3 塞尺

塞尺是用来检验两个贴合面之间间隙大小的片状定值量具,它有两个平行的测量平面,每套塞尺由若干片组成,如图8-28所示。测量时,用塞尺直接塞入间隙,当一片或数片恰好能塞进两贴合面之间,则一片或数片的厚度(每片上有标记值)即为两贴合面的间隙值。图8-29所示为塞尺配合90°角尺检测工件垂直度的情况。

塞尺可单片使用,也可多片叠起来使用,但在满足所需尺寸的前提下,片数越少越好,塞尺容易弯曲和折断,测量时不能用力太大,也不能测量温度较高的工件,用完后要擦拭干净,及时合到夹板中。

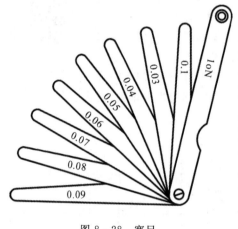

图8-28 塞尺

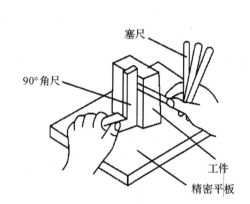

图8-29 用塞尺配合90°角尺检测工件垂直度

8.7 标准量具

8.7.1 量块

量块又称块规(见图8-30),是机器制造业中控制尺寸的最基本量具,是技术测量中长度计量的基准。

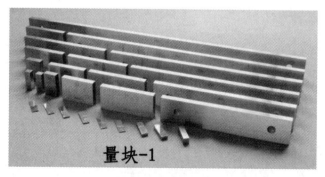

图8-30 量块

量块的精度,根据它的工作尺寸(即中心长度)的精度和两个测量面的平面平行度的准确程度可分成 5 个精度级,即 00 级、0 级、1 级、2 级和 3 级,00 级量块的精度最高。

量块的工作尺寸不是指两侧面之间任何处的距离,因为两侧面不是绝对平行的,因此量块的工作尺寸是指中心长度。

8.7.2 正弦规

正弦规是利用正弦定义测量角度和锥度等的量规,也称正弦尺,如图 8-31 所示。它主要由一个钢制长方体和固定在其两端的两个相同直径的钢圆柱体组成。两圆柱的轴心线距离 L 一般为 100 mm 或 200 mm。在直角三角形中,$\sin\alpha = H/L$,其中 H 为量块组尺寸,按被测角度的公称角度算得。根据测微仪在两端的示值之差可求得被测角度的误差。正弦规一般用于测量小于 45° 的角度,在测量小于 30° 的角度时,精确度可达 3″～5″。

1. 用途

正弦规由一准确的钢质长方体和两个精度圆柱组成。两个圆柱的直径相同,它们的中心距要求很精确,一般有 100 mm 和 200 mm 两种。中心连线要与长方体平面完全平行。正弦规结构简单、使用方便,对小角度的测量具有较高的测量精度。正弦规用来测量工件的角度和圆锥体的锥度。

2. 使用方法

正弦规的改进设计的目的是,在加工斜面时,对斜面的形位尺寸可以进行直接的计算测量。

传统的正弦规在进行测量时,首先需要计算其倾斜一定角度以后 H 的距离,因为正弦规倾斜角度的不同导致了 H 的尺寸变化。每做一种角度都需要进行烦琐的测量,因为传统的正弦规需要间接测量,而且使用了多种测量工具,所以会产生累计误差,严重影响斜面的测量精度。图 8-32 所示为使用正弦规测量斜面的形位尺寸。

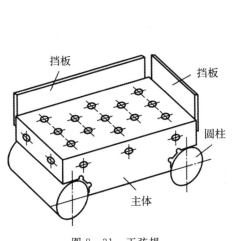

图 8-31 正弦规

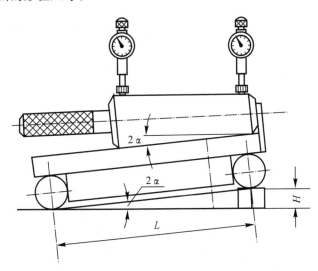

图 8-32 正弦规的使用

8.8 常用量具的维护和保养

(1)在机床上测量零件时,要等零件完全停稳后进行,否则不但会使量具的测量面因过早磨损而失去精度,并且会造成事故。

(2)测量前应把量具的测量面和零件的被测量表面擦干净,以免因有脏物存在而影响测量精度。

(3)量具在使用过程中,不要和工具、刀具(如锉刀、榔头、车刀和钻头等)堆放在一起,以免碰伤量具,也不要随便放在机床上,避免因机床振动而使量具掉下来损坏。

(4)量具是测量工具,绝对不能作为其他工具的代用品。

(5)温度对测量结果影响很大,零件的精密测量一定要使零件和量具都处在 20℃的环境中。

(6)不要把精密量具放在磁场附近,如磨床的磁性工作台,以免使量具感磁。

(7)发现精密量具有不正常现象时,如量具表面不平、有毛刺、有锈斑以及刻度不准、尺身弯曲变形、活动不灵活等,使用者不应自行拆修,更不允许自行用榔头敲、锉刀锉、砂布打光等办法修理,以免增大量具误差。

(8)量具使用后应及时擦干净,除不锈钢量具或有保护镀层的量具外,金属表面应涂上一层防锈油,放在专用的盒子里,保存在干燥的地方,以免生锈。

(9)精密量具应实行定期检定和保养。

思政课堂——王莽与铜卡尺

卡尺是现代工业中不可替代的测量工具之一。目前一般认为游标卡尺是欧洲工业革命时期产生的测量工具,是法国数学家维尼尔·皮尔在 1631 年发明的,然而,让很多人感到穿越的是,在汉代就曾出现过与现代游标卡尺几乎完全相同的卡尺,它比西方科学家制成的游标卡尺早 1600 多年。

1992 年 5 月从扬州一座东汉早期墓中出土了一件铜卡尺。它与现代游标卡尺除了在测量精度上有一定差距,卡尺长度短于现代的以外,其原理、性能、用途和结构与现代游标卡尺已经非常相似了,都是用于测量和加工圆柱体、球体以及不规则物体的。该铜卡尺由固定尺和活动尺两个主要部件构成,卡尺通长 13.3 cm,固定卡爪长 5.2 cm,宽 0.9 cm,厚 0.5 cm。固定尺上端有鱼形柄,长 13 厘米,中间开一导槽,槽内置一能旋转调节的导销,循着导槽左右移动。从构造原理、性能和用途来说,现代游标卡尺是由汉代的铜卡尺演变发展而来,汉代铜卡尺即是原始的游标卡尺。

有关王莽新朝始建国元年(公元 9 年)铜卡尺的记载见于晚清一些著录上(如吴大澂《权衡度量实验考》和容庚的《秦汉金文录》),共收录了 5 件卡尺拓本,可惜原物在 1949 年前就已流散失传了。不过上述两件均系征集,出土地不明,而江苏扬州的铜卡尺出土地明确,甘泉乡姚湾村位于汉广陵国郡城之西北,这里曾是两汉诸侯王、贵族墓群的丛葬区域所在。

东汉原始铜卡尺的出土,纠正了世人过去认为游标卡尺是欧美科学家发明的观念。我国早在一世纪初的新莽时期就已发明游标卡尺并在生产中开始应用了,从而将游标卡尺的历史上溯了 1600 多年。东汉原始铜卡尺的发现,为研究我国古代科学技术史、数学史和度量衡史提供了实例,也是中华文明繁荣和中国人民聪明智慧的体现。

资料来源:中国计量测试学会网站《科普知识》(2018 年 8 月 2 日)

最美劳动者——塞罕坝人

55 年有多长? 有 660 个月,超过 20 000 天。55 年可以干多少事? 塞罕坝林场建设者的答案是:造林 112 万亩,植树 4 亿多棵。他们在北京以北 400 km 的高原荒漠上,生生造出了一片绿海。谁也无法想象,这片 112 万亩的林海在半个多世纪前竟是一片人迹罕至、寸草不生的荒漠。

作为新中国第一个大规模生态修复试验场,塞罕坝凝聚了三代人的心血和努力,打造了一个令世界瞩目的中国生态样本,获得 2017 年联合国环保最高荣誉——"地球卫士奖"。

2017 年,习近平同志对河北塞罕坝林场建设者感人事迹作出的重要指示指出,他们的事迹感人至深,是推进生态文明建设的一个生动范例,全党全社会要坚持绿色发展理念,弘扬塞罕坝精神,持之以恒推进生态文明建设,一代接着一代干,驰而不息,久久为功,努力形成人与自然和谐发展新格局,把我们伟大的祖国建设得更加美丽,为子孙后代留下天更蓝、山更绿、水更清的优美环境。"不忘初心、牢记使命、艰苦创业、绿色发展"的塞罕坝精神作为中国共产党精神谱系的重要组成部分,也是中华民族自强不息、奋发图强精神的生动体现,是推动我国生态文明建设、美丽中国建设的精神动力与价值引领。

塞罕坝地处内蒙古高原南缘、浑善达克沙地前沿,河北省最北部的围场满族蒙古族自治县境内,因过度采伐、连年山火毁坏与大量农牧活动,原来遍是苍松翠柏的皇家猎苑变成了风沙肆虐的荒山秃岭。1962 年 9 月,来自全国 18 个省市的 369 名林业建设者豪迈上坝,吹响战斗号角,向高寒沙地造林这一世界科学难题发起挑战。

三代塞罕坝人历经数十年,用心血、汗水与生命在昔日"黄沙掩天日,飞鸟无栖树"的荒漠沙地上成功营造出总面积 112 万亩、森林覆盖率达到 80% 的世界上最大的人工林海,逐步培育出优质高效森林生态系统,每年为京津地区输送净水 1.37 亿立方米,释放氧气 55 万吨,筑起了一道坚不可摧的生态屏障。生动地诠释了:生态退化的进程并非不可逆,只要人不负绿,绿定不负人。

在半个多世纪筚路蓝缕的创业历程中,塞罕坝的几代建设者们伏冰卧雪、艰苦创业,在极

端恶劣的自然条件和缺衣少食的艰苦生存环境中,坚持"先治坡、后治窝,先生产,后生活"的生态建设理念,靠着坚忍不拔的毅力和永不言败的韧性,攻坚克难,使绿色延展、黄沙止步,探索出了"绿进沙退"的中国密码,成为中国荒漠化防治的成功范例。

中国工程院院士、森林培育专家沈国舫曾十分感慨地说:"塞罕坝处于森林、草原和沙漠过渡地带,三种生态历史上互有进退,是全国造林条件最艰苦的地区之一。"塞罕坝人吃黑莜面、喝冰雪水、睡地窨子,不仅用革命乐观主义精神战胜了生存和生活上的艰难困苦,更是以严谨的科学精神与不懈的创新精神攻克了高寒地区造林育林的世界技术难题,并始终把科研创新作为提升造林成效的生命线。

近年来,塞罕坝人不断在科技创新上获得新突破,开创了国内使用机械栽植针叶树的先河,精选适合坝上沙荒造林的乔木树种,探索适应坝上不同立地条件的造林模式,推广抗旱保水技术和防寒防风技术,立足于提高造林成活率,在高寒地区引种、育苗和造林等方面的科技水平居于世界前列,将荒漠化防治的核心技术牢牢地掌握在自己手中。

实现绿色发展是中华民族永续发展的必要条件。绿色发展的核心就是解决好人与自然和谐共生的问题,应在尊重自然、顺应自然和保护自然的前提下,以资源环境承载力为基础,以可持续发展为目标,推进我国生态文明建设。塞罕坝的示范意义,不仅表现在将茫茫荒滩修复成"华北绿肺",更在于这是一次对生态优先、绿色引领的发展道路的有益探索与实践,深刻印证了"保护生态环境功在当代、利在千秋"。

习近平同志指出:"我们不能吃祖宗饭、断子孙路,用破坏性方式搞发展。我们应该遵循天人合一、道法自然的理念,寻求永续发展之路。"如何从"绿水青山"到"金山银山",塞罕坝人为我们做出了示范,他们遵循并坚守先进的生态观和绿色发展理念,并以此指导生产生活实践。塞罕坝人种下的不仅仅是一棵棵树,更是一种信念、一种精神,造就的不仅仅是一座"美丽高岭",更是一座受人景仰的"精神高地"。面向未来,我们应厚植新发展理念,坚守生态红线、坚决摒弃以昂贵的生态代价换取经济一时一地发展的短视观念,找寻经济建设与环境保护的平衡点,打造科学发展新引擎,推动绿色经济崛起,将生态优势转化为经济优势,把我们伟大的祖国建设得更加美丽,为子孙后代留下天更蓝、山更绿、水更清的优美环境。

这是一个三代人跨越半个多世纪接力与传承的故事,从荒原秃岭变成绿水青山,从绿水青山变成金山银山,从而成就了全世界面积最大的人工林。

塞罕坝人燃烧的生命与激情,永远地矗立在这片美丽高岭上,这枚绿色的徽章,也是对祖国最美的献礼。

资料来源:《经济日报》(2022 年 1 月 24 日)

附　录

一、劳动实践课堂——机床保养与维护

机床的维护保养,是指操作人员根据设备的技术资料和有关设备的启动、润滑、调整、防腐、防护等要求和保养细则,对在使用或闲置过程中的设备所进行的一系列作业,它是设备自身运动的客观要求。

设备维护保养工作包括日常维护保养、设备的润滑和定期加油换油、预防性试验、定期校正精度、设备的防腐和一级保养等。

(一)机床维护保养的基本要求

操作者应严格按操作规程使用设备,经常观察设备运转情况,并在班前、班后填写记录;应保持设备完整,附件整齐,安全防护装置齐全,线路、管道完整无损;要经常擦拭设备的各个部件,保持无油垢、无漏油,运转灵活;应按正常运转的需要,及时注油、换油,并保持油路畅通;经常检查安全防护装置是否完备可靠,保证设备安全运行。通过设备维护保养,达到"整齐、清洁、安全、润滑"。

1. 整齐

工具、工件、附件放置整齐、合理,安全防护装置齐全,线路、管道完整,零部件无缺损。

2. 清洁

设备内外清洁,无灰尘,无黑污锈蚀;各运动件无油污,无拉毛、碰伤、划痕;各部位不漏水、漏气、漏油,切屑、垃圾清扫干净。

3. 润滑

按设备各部位润滑要求,按时加油、换油,油质符合要求;油壶、油枪、油杯齐全,油毡、油线清洁,油标醒目,油路畅通。

4. 安全

要求严格实行定人、定机、定岗位职责和交接班制度;操作工应熟悉设备性能、结构和原理,遵守操作规程,正确、合理地使用,精心地维护保养;各种安全防护装置可靠,受压容器按规定时间进行预防性试验,保证安全、可靠;控制系统工作正常,接地良好,电力传导电缆按规定时间、要求进预防性试验,保证传输安全、正常,无事故隐患。

(二)保养类型

1. 日常保养

日常保养是每天都进行的保养,接班前、后做 10 min 保养,周末做 1 h 保养。责任人为操作者,检修人员检查,班前班后由操作工认真检查设备,擦拭各个部位和加注润滑油,使设备经

常保持整齐、清洁、润滑、安全。班中设备发生故障,及时给予排除,并认真做好交接班记录。

2.一级保养

一级保养每月进行一次,时间为 8 h。一级保养由操作者与检修人员共同完成,以操作者为主,维修工辅导,按计划对设备进行局部拆卸和检查,清洗规定的部位,疏通油路、管道,更换或清洗油线、油毡、滤油器,调整设备各部位配合间隙,紧固设备各个部位。

3.二级保养

二级保养每半年进行一次,时间为 24~32 h。检修人员执行,操作者配合,以维修工为主,列入设备的检修计划,对设备进行部分解体检查和修理,更换或修复磨损件,清洗、换油,检查修理电气部分,局部恢复精度,满足加工零件的最低要求。

(三)普通车床维护保养规范案例

为了使机床保持良好的状态,防止或减少事故的发生,把故障消灭在萌芽之中,除了发生故障应及时修理外,还应坚持定期检查,经常维护和保养。

1.日常保养

(1)班前保养

1)擦净机床外露导轨及滑动面的尘土。

2)按规定润滑各部位。

3)检查各手柄位置。

4)空车试运转。

车床日常保养

(2)班后保养

1)打扫场地卫生,保证机床底下无切屑、无垃圾,保持工作环境清洁。

2)将铁屑全部清扫干净。

3)擦净机床各部位,保持各部位无污迹。

4)各导轨面(大、中、小)和刀架加机油防锈。

5)清理干净工、量、夹具,部件归位。

6)每个工作班结束后,应关闭机床总电源。

2.各部位定期保养

(1)床头箱

1)清洗滤油器。

2)检查主轴定位螺丝,调整适当。

3)调整摩擦片间隙和刹车阀。

4)检查油质是否保持良好。

5)清洗换油。

6)检查并更换必要的磨损件。

(2)刀架及拖板

1)清洗刀架、小拖板、中溜板各部件。

2)安装时调整好中溜板、小拖板的丝杠间隙和塞铁间隙。

3)清洗大拖板,疏通油路,消除毛刺。

4)检查并更换必要的磨损件。

（3）挂轮箱

1)清洗挂轮及挂轮架,并检查轴套有无晃动现象。

2)安装时调整好齿轮间隙,并注入新油脂。

3)检查并更换必要的磨损件。

（4）尾座

1)清洗尾座。

2)清除研伤毛刺,检查丝杠、丝母间隙。

3)安装时要求达到灵活可靠。

4)检查、修复尾座套筒锥度。

（5）走刀箱、溜板箱

1)清洗油线,注入新油。

2)走刀箱及溜板箱整体清洗,检查并更换必要的磨损件。

（6）外表

1)清洗机床外表及死角,拆洗各罩盖,要求内外清洁,无锈蚀、无油污。

2)清洗三杠及齿条,要求无油污。

3)检查补齐螺钉、手球、手柄。

4)检查导轨面,修光毛刺,对研伤部位进行维修。

（7）电气

1)清扫电气及电气箱内外尘土。

2)检查、擦拭电气元件及触点,要求完好、可靠、无灰尘,线路安全可靠。

3)检修电气装置,根据需要拆洗电动机并更换油脂。

3.车床的各部位润滑

上班时注意检查各润滑部位是否漏油。

（1）主轴箱

主轴箱中主轴后轴承以油脂润滑。

（2）主轴箱其他部位

挂轮箱的机构主要是靠齿轮溅油法进行润滑,换油同样为每3个月一次。

（3）走刀箱

1)走刀箱内的轴承和齿轮主要用齿轮溅油法进行润滑。

2)走刀路上部的储油槽,可通过油绳进行润滑。每班还要给走刀箱上部的储油槽适量加一次油。

（4）拖板箱

1)拖板箱内的蜗杆机构用箱内的油来注油润滑。

2)拖板箱内的其他机构,用其上部储油槽里的油绳进行润滑。

（5）床身导轨

床身导轨面大、中、小滑板导轨面,用油壶浇油润滑,每班一次。

二、学生实习守则

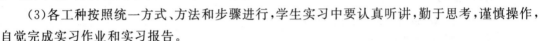

车间漫走视频
(思政课堂)

(1)教学实习是工科院校教学计划中的一个重要组成部分,是一门实践性很强的技术基础课,为此必须端正态度,认真学习。

(2)教学实习以学生实践为主,通过考查学生实践能力和工艺知识,逐步培养学生的实践动手能力和良好的工作作风。

(3)各工种按照统一方式、方法和步骤进行,学生实习中要认真听讲,勤于思考,谨慎操作,自觉完成实习作业和实习报告。

(4)严格遵守工程训练中心的各项管理规定,服从分配,听从教师指导,对无故违反劳动纪律和不听教师劝告者,取消其实习资格。

(5)实习前必须穿好工作服或其他防护物品,扎好袖口,不准穿短裤、背心、拖鞋等进车间,女同学必须戴工作帽,不准穿裙子、高跟鞋等实习,机械加工严禁戴手套操作。

(6)实习必须在指定岗位进行,未经指导教师许可,不得随意更换,严禁机床开动后离开工作岗位,必须做到人走机关。

(7)未经指导教师许可,学生不准随便启动或扳动机床设备、电器开关等。实习操作时若发现机床出现故障,应立即停车,关闭电源,及时报告指导教师。

(8)严格遵守考勤制度,实习时不准聊天、听音乐、看小说,车间内严禁追逐、打闹、喧哗,绝不允许开玩笑和串岗,发生事故要追究责任。

(9)爱护机床设备和工量具等一切公共财物,妥善保管和使用工具、量具、刀具、夹具,不得随意丢失及故意损坏,属非正常理由或违反操作规程损坏按 20% 赔偿,无故丢失按 100% 赔偿。

(10)注意保持环境卫生整洁,不随地吐痰,不准将食品、饮料带入实习场所,做到文明实习,各工种实习结束后,认真做好机床和工具保养清洁工作,由指导教师验收合格后方可离开。

三、学生实习考勤规定

(1)学生实习必须按照工程训练中心上下班考勤制度,在规定时间休息,遵守实习纪律,不迟到、早退和无故缺勤。

(2)学生实习期间,病假需医院开具证明,门诊请假一般不超过 2 小时。

(3)一般不准请事假,如有特殊情况,需院系开具证明,请事假必须事先办理请假手续,凡未经批准随意不到者,一律按旷课处置。

(4)实习期间若遇全校会议、考试和体育比赛等,需要参加者必须持学校教务处批准的证明,方可办理请假手续。

(5)实习迟到、早退超过 30 分钟按旷课处理,迟到、早退 3 次按旷课一次处理,实习期间无故旷工累计 1 天(含 1 天)以上或缺席实习时间 1/3 以上者,实习成绩以不及格论。

(6)由于缺勤和违章操作而出现安全事故,实习成绩记为不及格。

四、学生实习成绩考核办法

(1)教学实习为基础实践必修课,每次实习结束考查给予百分制计分,合格者得2学分,不及格者重新补实习,否则不予毕业。

(2)各专业学生因请病事假,实习时间少于1/3者不给成绩,要补全后再进行考查。

(3)实习考核不合格者,允许补考一次,但是费用自理。

(4)各教学部门实习成绩按百分制给分,最后实习成绩评定由教学管理人员按比例折算成百分制。

(5)教学实习成绩主要从以下三方面进行考核。

1)考核基本技能(占总成绩的60%):主要考核学生实习工件质量(含动手能力、操作水平等,60分),由教学专职检验老师综合评定。

2)考核基本知识(占总成绩的20%):实习报告占总成绩10%,成绩由教学指导教师给出;理论考试占总成绩10%,成绩由理论大课教师给出。

3)考核基本素质(占总成绩的20%):文明实习、无安全事故占总成绩的10%,成绩由教学指导教师给出;学生实习劳动态度、学生实习纪律(含考勤爱护公物公务以及动手能力等)占总成绩的10%,成绩由教学指导教师给出。

(6)教学实习是学生必须参加的教学环节,实习期间无故旷工累计1天(含1天)以上或缺席实习时间1/3以上者,实习成绩以不及格论处。

(7)实习期间学生因不听从教师指导,不按操作规程进行操作,导致重大事故(人身或设备)者,实习成绩按不及格计。

(8)实习期间无故迟到或早退3次以上者,实习成绩以不及格论。

(9)未能完成实习环节,实习成绩不及格者,允许重新实习,但费用自理。

五、榔头加工零件图及工艺过程卡

机械制造基础实训中需要用到的榔头加工零件图及工艺过程卡等如下。

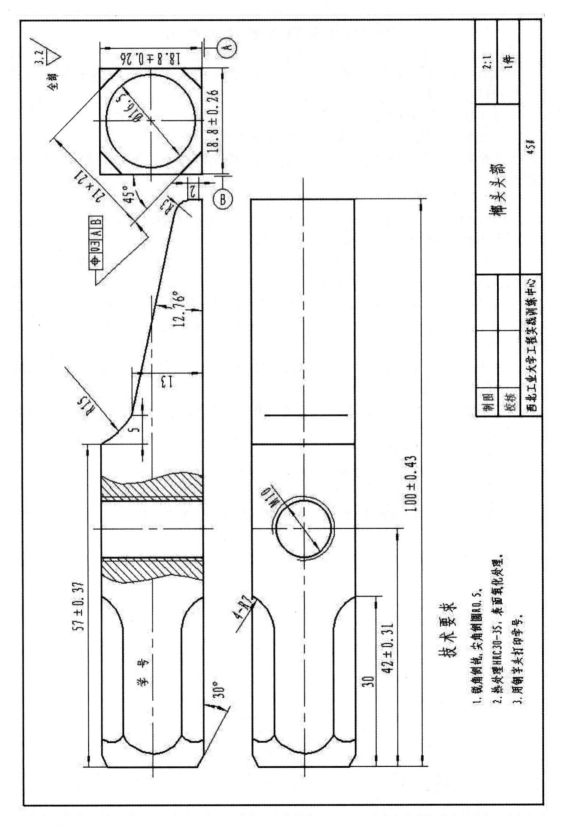

技术要求

1. 锐角倒钝，尖角倒圆R0.5。
2. 热处理HRC30~35，表面氧化处理。
3. 用钢字头打印字号。

制图			榔头头部	2:1
审核				1件
		西北工业大学工程实践训练中心	45ℓ	

西北工业大学 工程实践训练中心 钳工实习加工工艺过程卡片

产品名称	榔头	共3页	第1页	训练类别：八周
零件名称	榔头头部			生产纲领 小批
每合件数	1件			生产批量 单件

材料 45#	毛坯种类 铣方料	外形尺寸 19×19×101	每毛坯可制作件数 1件	机床 钻床

序号	工序名称	工序内容	工序简图	夹具	刀具	量具	工时/min
1	钳	钳工毛坯为铣工半成品料，应注意上一序的尺寸是否满足要求，四周涂色				刷子涂料	30
2	钳	使用V型块和高度尺在右端面划一水平线，在两侧面5.37 mm处划一水平线，在两侧面42 mm、46 mm处划一垂线，并在顶面46 mm处划一垂线，在两侧面14 mm位置划一水平线，依此连接三个交点形成两条斜线		V型块		高度尺（0~200）	40
3	锯	将工件夹在虎钳上，使斜线与钳面垂直，在右侧1mm左侧1mm处启锯，在约42mm处停锯，从新安装工件，在顶面46mm处启锯，使两锯缝重合，完成余量去除		虎钳	锯条	高度尺（0~200）	120

| 编制 | | 审批 | | 批准 | | 日期 | |

西北工业大学 工程实践训练中心 钳工实习加工工艺过程卡片

						共 3 页	第 2 页	训练类别：八周
材料	45#	毛坯种类	铣方料	外形尺寸	19×19×101	产品名称	榔头	生产纲领	小批
						零件名称	榔头头部	生产批量	单件
				每毛坯可制作件数	1 件	每台件数	1 件	机床	钻床

序号	工序名称	工序内容	工序简图	夹具	刀具	量具	工时/min
4	钳	用虎钳夹两侧面，是斜面与水平面平行，锉斜面至尺寸，修锉 R15 的圆弧至尺寸，注意锉痕成竖直方向，先粗加工，在精加工		虎钳	锉刀	游标卡尺 (0~150)	120
5	钻	钻 M10 的底孔至 φ8.5，并倒角。将工件安装在虎钳上，使其与水平面平行，用 M10 的粗牙 (P=1.5) 丝锥攻丝		虎钳	钻头 丝锥	游标卡尺 (0~150)	50
6	钳	修锉四周面面尺寸，注意锉痕成竖直方向			锉刀	游标卡尺 (0~150)	80

编 制	审 批	批 准	日 期

西北工业大学 工程实践训练中心　钳工实习加工工艺过程卡片

		共3页	第3页	训练类别：八周
		产品名称	榔头	生产纲领　小批
材料 45#	毛坯种类 铣方料	零件名称	榔头头部	生产批量　单件
外形尺寸 19×19×101	每毛坯可制作件数 1件	每合件数 1件		机床　钻床

序号	工序名称	工序内容	工序简图	夹具	刀具	量具	工时/min
7	钳	修锉 R3 圆圆弧和 φ16 倒角至尺寸		虎钳	Ø 锉刀	游标卡尺（0~150）	80
8	钳	所有表面砂光		虎钳	砂纸	游标卡尺（0~150）	50
9	钳	锐边倒钝、尖角倒圆 R0.5			锉刀	游标卡尺（0~150）	40

编制	审批	批准	日期

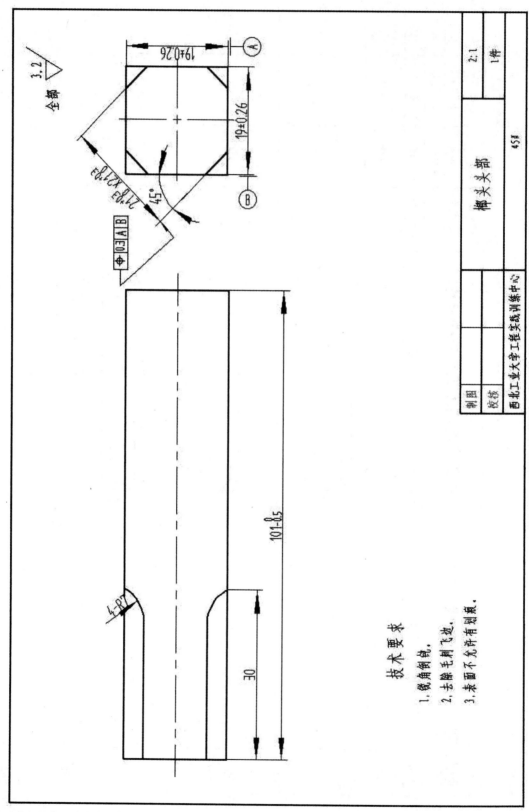

技术要求

1. 锐角倒钝。
2. 去除毛刺飞边。
3. 表面不允许有划痕。

		榔头头部	2:1
			1件
			45#
制图			
审核			
西北工业大学工程实践训练中心			

西北工业大学 工程实践训练中心 铣工实习加工工艺过程卡片

材料	45#	毛坯种类	棒料	外形尺寸	Φ28×110	每毛坯可制作件数	1件		共2页 第1页	产品名称	榔头	训练类别：八周
										零件名称	榔头头部	生产纲领 单件小批
										每台件数	1件	生产批量 单件

序号	工序名称	工序内容	工序简图	夹具	刀具	量具	机床	工时/min
1	铣	Φ28圆棒料装夹在虎钳上，顶部伸出钳口约5 mm，分两次铣削，每次铣削为2.4 mm；翻面以铣削面为基准再分两次铣削4.8 mm，零件转90°重复以上铣削方式，将工件铣至19±0.16见方	19×19±0.16	机用平口钳	Φ14 立铣刀	游标卡尺 (0~150)	铣床	150
2	铣	工件伸出平口钳口约30 mm，将伸出端面铣平，作为基准面使用	30	机用平口钳	Φ14 立铣刀	游标卡尺 (0~150)		50
3	铣	以基准面为基准，紧贴在平板上，侧面紧靠在V型块的凹槽处，在距离基准面30 mm处四周面上涂色，并划线	30			高度尺 (0~200)		30

编制	审批	批准	日期

西北工业大学 工程实践训练中心　铣工实习加工工艺过程卡片

					共 2 页	第 2 页	训练类别：八周
材料	45#	毛坯种类 棒料	外形尺寸 φ28×110		产品名称	榔头	生产纲领 单件小批
			每毛坯可制作件数 1件		零件名称	榔头头部	生产批量 单件
					每台件数	1件	机床 铣床

序号	工序名称	工序内容	工序简图	夹具	刀具	量具	工时/min
4	铣	使用 V 型块装夹，使工件的底面与水平面成 45°角，工件伸出虎钳约 40 mm，分次铣削工件的四个棱角，尺寸至（$21_0^{+0.3} \times 21_0^{+0.3}$）mm，长度至 30 mm，位置度为 0.3 mm		机用平口钳 V 型块	φ14 立铣刀	游标卡尺 （0~150）	120
5	铣	测量工件长度，将工件平行底面安装，使另一端伸出虎钳约 20 mm，铣端面保证全长至 $101_{-0.5}^{0}$ mm		机用平口钳	φ14 立铣刀	游标卡尺 （0~150）	40
6	铣	去毛刺，锐角倒钝			锉刀		20

编制	审批	批准	日期

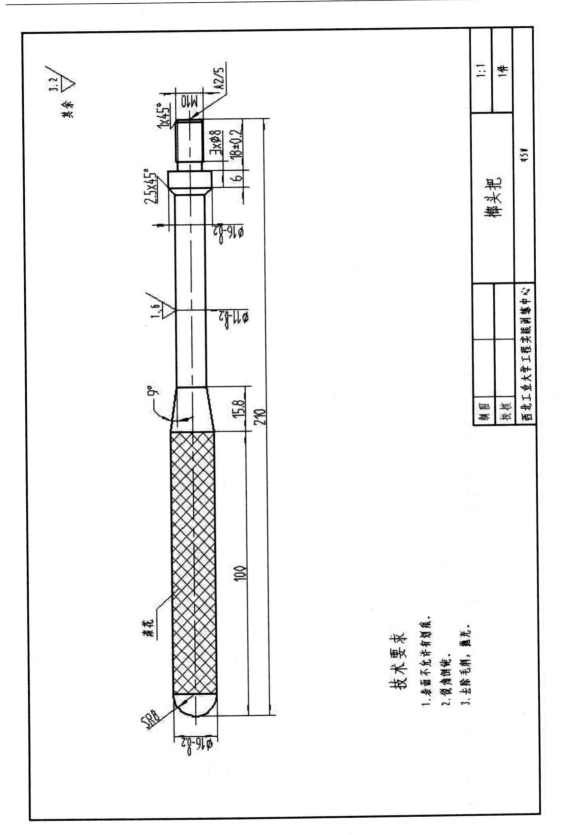

技术要求
1. 表面不允许有划痕。
2. 锐角倒钝。
3. 去除毛刺、飞边。

		榔头把		1:1
				1件
制图			45#	
审核		西北工业大学工程实践训练中心		

西北工业大学 工程实践训练中心　车削实习加工工艺过程卡片

			训练类别：八周
共 3 页	第 1 页	生产纲领	小批
产品名称	榔头	生产批量	单件
零件名称	榔头把	机床	车床
每合件数	1 件		

材料	45#	毛坯种类	棒料	外形尺寸	$\phi18\times500$	毛坯可制作件数	2 件

序号	工序名称	工序内容	工序简图	夹具	刀具	量具	工时/min
1	车	①工件伸出40mm，平端面；②打中心孔；③车M10大径 $\phi10^{-0.1}_{-0.2}$ 至长至18；④车1×45°倒角	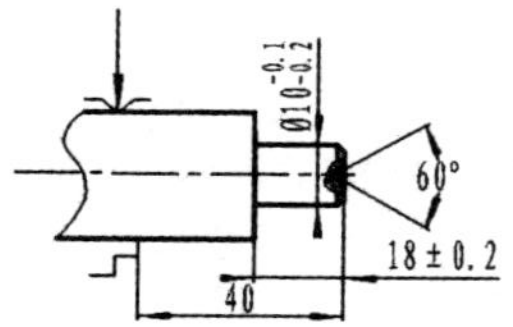	三爪卡盘	端面车刀 中心钻 外圆刀 尖刀	游标卡尺（0~150）	40
2	车	工件伸出230 mm用活顶头顶中心孔端。①车其余所有外圆至φ16，其长度，应在210以上。②用外圆刀按图示，画出各段长度线	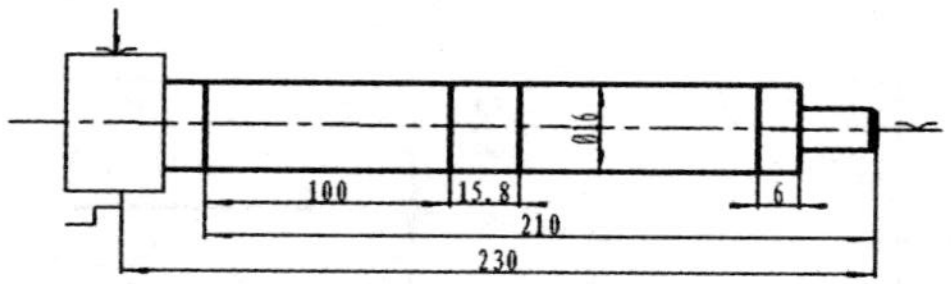	三爪卡盘	外圆刀或尖刀	游标卡尺（0~150）	40
3	车	在100+15.8的位置处滚花	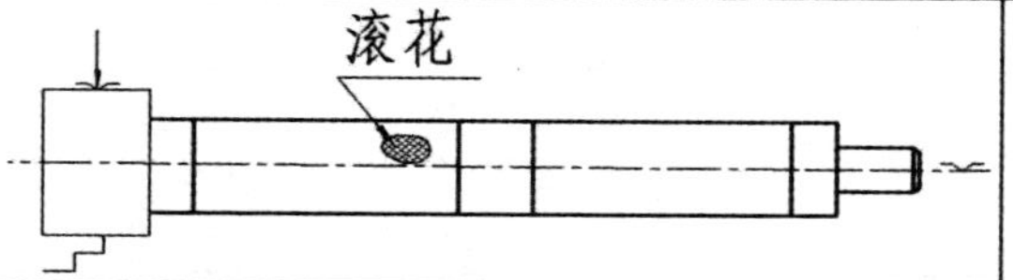	三爪卡盘	滚花刀	游标卡尺（0~150）	30
编制			审批		批准		日期

西北工业大学 工程实践训练中心　车削实习加工工艺过程卡片

共 3 页　第 2 页　训练类别：八周

				产品名称	榔头	生产纲领	小批
材料 45#	外形尺寸	毛坯种类 棒料	φ18×500	零件名称	榔头把	生产批量	单件
		毛坯可制作件数	2 件	每台件数	1 件	机床	车床

序号	工序名称	工序内容	工序简图	夹具	刀具	量具	工时/min
4	车	①在 M10 位置处切、螺纹退刀槽 3×φ8。②将工件多余部分切断，使其长度余量 1 mm	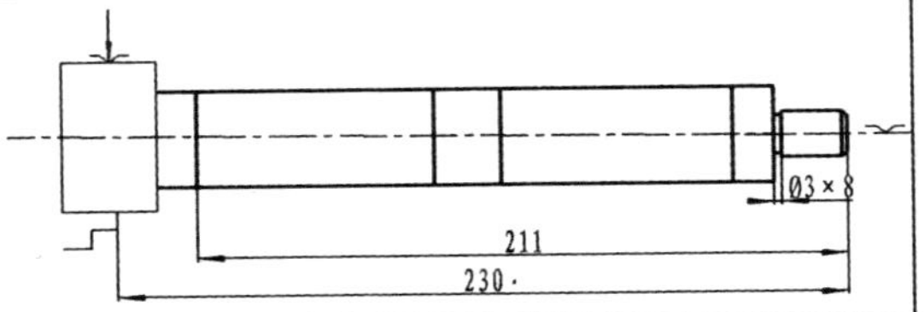	三爪卡盘	切断刀	游标卡尺（0~150）	10
5	车	垫铜皮，夹滚花部分，用活顶尖顶中心孔端。①车外圆 φ11 至尺寸。②小托板逆时针旋转车圆锥面长 15.8	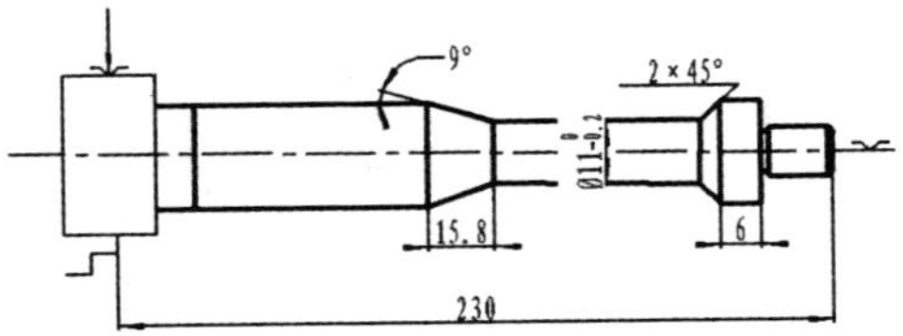	三爪卡盘	外圆刀 尖刀	游标卡尺（0~150）	100
6	车	垫铜皮，夹滚花部分。①车断面保总长 210。②车 SR8 球面	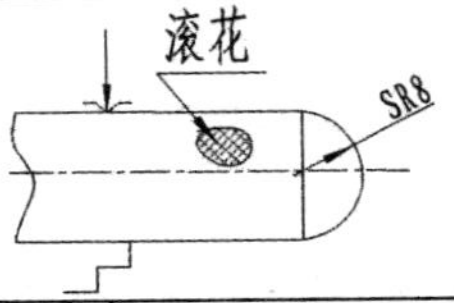	三爪卡盘	端面车刀 R 8 圆弧刀	游标卡尺（0~150）	40

编制　审批　批准　日期

西北工业大学 工程实践训练中心 车削实习加工工艺过程卡片

		共3页	第3页	训练类别：八周
		产品名称	榔头	生产纲领　小批
		零件名称	榔头把	生产批量　单件
材料 45#	毛坯种类　棒料	外形尺寸　$\phi18\times500$	毛坯可制作件数　1件	每台件数　1件　机床　车床

序号	工序名称	工序内容	工序简图	夹具	刀具	量具	工时/min
7	车	用板牙套M10螺纹，注意板牙等附件安装与尾座与套筒内，转速不应太高，在100 r/min以下为宜		三爪卡盘	板牙	游标卡尺（0~150）	7

编制	审批	批准	日期

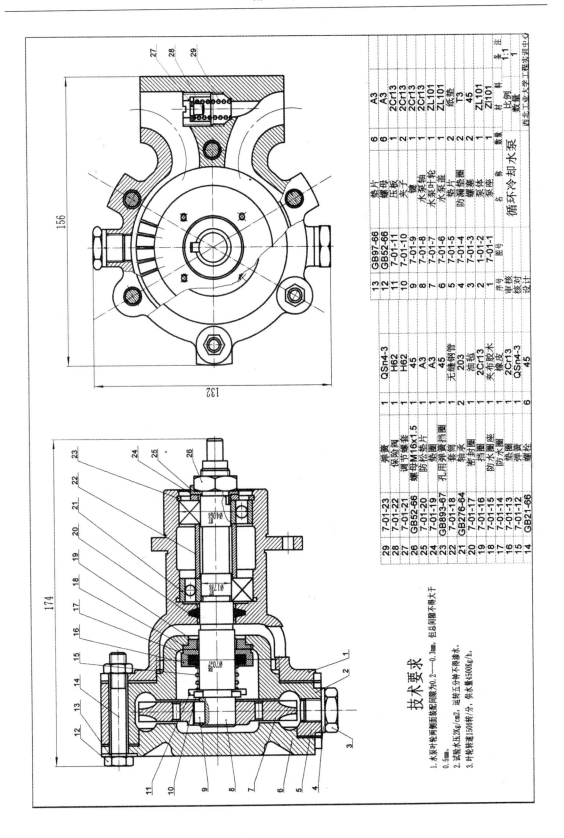

序号	图号	名称	数量	材料	备注
13	GB97-66	垫片	6	A3	
12	GB52-66	螺母	6	A3	
11	7-01-11	压板	1	2Cr13	
10	7-01-10	夹子	2	2Cr13	
9	7-01-9	键	1	2Cr13	
8	7-01-8	水泵轴	1	ZL101	
7	7-01-7	水泵叶轮	1	ZL101	
6	7-01-6	水泵盖	1		
5	7-01-5	垫片	2	纸垫	
4	7-01-4	防漏垫圈	2	T3	
3	7-01-3	螺塞	2	45	
2	1-01-2	泵体	1	ZL101	
1	7-01-1	泵座	1	45	

审核
校核
设计

循环冷却水泵

西北工业大学工程实训中心
比例 1:1

29	7-01-23	弹簧	1	QSn4-3	
28	7-01-22	保险阀	1	H62	
27	7-01-21	调节螺套	1	H62	
26	GB52-66	螺母M16×1.5	1	45	
25	7-01-20	防松垫片	1	A3	
24	7-01-19	装填圈	1	A3	
23	GB893-67	孔用弹簧挡圈	1		
22	7-01-18	套筒	2	无缝钢管	
21	GB276-64	轴承	2	203	
20	7-01-17	密封圈	1	油毡	
19	7-01-16	挡水圈	1	2Cr13	
18	7-01-15	防水圈	1	夹布胶木	
17	7-01-14	垫圈	2	橡皮	
16	7-01-13	弹簧	1	2Cr13	
15	GB21-66	螺栓	6	45	
14				QSn4-3	

技术要求

1. 水泵叶轮与两端面装配间隙为0.2—0.3mm，但总间隙不得大于0.5mm。

2. 试验水压2kg/cm2，运转五分钟不得漏水。

3. 叶轮转速1500转/分，供水量4500Kg/h。

参 考 文 献

[1] 李积武,王国华,胡旭兵,等.金工实习教程[M].北京:清华大学出版社,2012.

[2] 魏斯亮,邱小林.金工实习[M].北京:北京理工大学出版社,2016.

[3] 杨树川,董欣.金工实习[M].武汉:华中科技大学出版社,2013.

[4] 霍仕武.金工实习[M].武汉:华中科技大学出版社,2015.

[5] 吴兴国.金工实习[M].武汉:华中科技大学出版社,2014.

[6] 李省委,许书烟.金工实习[M].北京:北京理工大学出版社,2017.

[7] 王浩程.金工实习案例教程[M].天津:天津大学出版社,2016.

[8] 齐乐华.工程材料与机械制造基础[M].北京:高等教育出版社,2018.

[9] 罗俊,杨方.机械加工工艺基础[M].西安:西北工业大学出版社,2016.

[10] 徐永礼,涂清湖.金工实习[M].北京:北京理工大学出版社,2009.

[11] 鞠鲁粤.工程材料与成形技术基础[M].北京:高等教育出版社,2004.

[12] 沈剑标.金工实习[M].北京:机械工业出版社,2004.

[13] 黎伟泉.金工实习[M].广州:华南理工大学出版社,2005.

[14] 孙以安,鞠鲁粤.金工实习[M].上海:上海交通大学出版社,1999.

[15] 傅水根.机械制造实习[M].2版.北京:清华大学出版社,2009.

[16] 杨有刚.工程训练基础[M].北京:清华大学出版社,2012.

[17] 郁龙贵.机械制造基础[M].北京:清华大学出版社,2009.

[18] 张福润,徐鸿本,刘延林.机械制造技术基础[M].武汉:华中科技大学出版社,2000.

[19] 王俊勃.金工实习教程[M].北京:科学出版社,2007.

[20] 尚可超.金工实习教程[M].西安:西北工业大学出版社,2007.

[21] 张克义,张兰.金工实习[M].北京:北京理工大学出版社,2007.

[22] 郭术义.金工实习[M].北京:清华大学出版社,2011.

[23] 宋瑞宏,施煜.金工实习[M].北京:国防工业出版社,2010.

[24] 黄明宇,徐钟林.金工实习:下[M].北京:机械工业出版社,2009.

[25] 张学政,金属工艺学实习教材[M].北京:高等教育出版社,2011

[26] 童海滨.数控机床在国民经济发展中的地位和作用[J].装备机械,2005(2):13.

[27] 王文.数控机床发展具有战略意义[J].机电国际市场,2001(4):13.

[28] 张睿琳.数控机床在航空发动机制造上的应用[J].技术与市场,2018,25(11):119,121.

[29] 杨金发,张积瑜,朱静宇,等.航空发动机五轴数控加工技术探索[J].世界制造技术与装备市场,2018(1):60-62.

[30] 成建群.机床的拆装与维护[M].北京:北京理工大学出版社,2017.